航天工程大学"双重"建设教材

卫星通信 与 STK 仿真

高丽娟 代健美 李炯 陈龙 郭克锋 / 编著

U0351486

北京理工大学出版社
BEIJING INSTITUTE OF TECHNOLOGY PRESS

图书在版编目（CIP）数据

卫星通信与 STK 仿真／高丽娟等编著． --北京：北京理工大学出版社，2022.8

ISBN 978 - 7 - 5763 - 1571 - 4

Ⅰ．①卫… Ⅱ．①高… Ⅲ．①卫星通信②航天器—计算机仿真 Ⅳ．①TN927②V411.8

中国版本图书馆 CIP 数据核字（2022）第 156085 号

出版发行／北京理工大学出版社有限责任公司
社　　址／北京市海淀区中关村南大街 5 号
邮　　编／100081
电　　话／（010）68914775（总编室）
　　　　　（010）82562903（教材售后服务热线）
　　　　　（010）68944723（其他图书服务热线）
网　　址／http：//www.bitpress.com.cn
经　　销／全国各地新华书店
印　　刷／三河市华骏印务包装有限公司
开　　本／787 毫米×1092 毫米　1/16
印　　张／12.75　　　　　　　　　　　　　　责任编辑／王玲玲
字　　数／277 千字　　　　　　　　　　　　　文案编辑／王玲玲
版　　次／2022 年 8 月第 1 版　2022 年 8 月第 1 次印刷　责任校对／刘亚男
定　　价／68.00 元　　　　　　　　　　　　　责任印制／李志强

从 1945 年克拉克首次提出利用三颗地球静止轨道卫星将广播和电视信号传到世界各地，到 1962 年美国成功发射第一颗通信卫星（Telstar），卫星通信经过几十年的发展，从一个科学设想逐步走向成熟。卫星通信具有覆盖范围广、可用频带宽、灵活性好等优点，尤其能够很好地为海岛、沙漠等偏远地区提供通信保障。卫星通信应用越来越广泛，通信卫星的数量也越来越多。

近年来，卫星通信技术得到不断发展，很多卫星通信系统，如卫星移动通信系统、军用卫星通信系统、宽带卫星通信系统等得到应用。卫星通信受到越来越多的关注，急需开展卫星通信的基本理论和关键技术等内容的研究。

全书共 8 章。第 1 章概述，介绍卫星通信的基本概念、系统组成、工作频率、主要特点、主要参数，以及卫星仿真软件 STK 的基本情况；第 2 章卫星轨道，介绍卫星运动规律、轨道分类、轨道参数、卫星的星下点，以及利用 STK 仿真卫星轨道的基本操作；第 3 章地球站，介绍地球站的分类、组网、组成，地球站选址和布局，以及地球站与 STK 仿真；第 4 章通信卫星，介绍通信卫星的有效载荷、卫星平台、典型通信卫星，以及通信卫星与 STK 仿真；第 5 章卫星链路，介绍无线电波传播、卫星链路类型、星地链路分析、链路预算，以及卫星链路与 STK 仿真；第 6 章卫星通信体制，介绍调制方式、差错控制、多址技术等；第 7 章卫星激光通信，介绍卫星激光通信的概念、特点、发展历程、光学组件，以及捕获、瞄准和跟踪技术等关键技术；第 8 章卫星移动通信，介绍卫星移动通信的特点、系统组成、典型卫星移动通信系统，以及利用 STK 仿真卫星移动通信系统的基本操作。

本书第 1 章、第 2 章由高丽娟撰写，第 3 章、第 6 章由李炯撰写，第 4 章、第 5 章由代健美撰写，第 7 章由陈龙撰写，第 8 章由郭克锋撰写。全书由刘力天老师审核，李金城老师统稿、排版。

本书的编写和出版得到了李长青、唐晓刚、于凤坤的大力支持，在此一并表示衷心的感谢。本书在编写过程中参考了一些书籍和资料，对参考文献的作者致以诚挚的谢意。

由于编者水平有限，书中难免存在疏漏之处，敬请读者批评指正！

目　录
CONTENTS

第 1 章
概　　述

1970 年 4 月 24 日，我国在酒泉卫星发射中心利用"长征一号"火箭将第一颗人造地球卫星"东方红一号"（DFH－1）发射升空，开启中国人探索宇宙、利用太空、造福人类的序幕。1984 年 4 月 8 日，我国利用"长征三号"火箭成功发射"东方红二号"（DFH－2）试验通信卫星，拥有第一颗通信卫星，开始了我国的卫星通信。

经过几十年的发展，我国卫星通信取得长足进步，在广播电视、移动通信、军事通信等领域得到广泛应用。本章重点介绍卫星通信的基本概念、发展史、系统组成，探讨卫星通信的工作频率，讨论卫星通信的主要优点和缺点，描述卫星通信的主要参数，介绍 STK 仿真软件的基本情况和基本操作。

1.1　基本情况

1.1.1　基本概念

卫星通信是指利用人造地球卫星作为中继站转发或反射无线电波，在两个或多个地球站之间进行的通信。它是在微波通信和航天技术基础上发展起来的一门新兴的无线通信技术，是在地面、水面和大气层中的无线电通信站之间，利用卫星作为中继站进行的通信。用于实现通信目的的这颗人造地球卫星就是通信卫星（Communication Satellite），是用作无线电通信中继站的人造地球卫星。地球站是指设在地球表面（包括地面、海洋和大气中）的无线电通信站。

利用卫星进行通信的过程如图 1－1 所示，如地球站 A 通过定向天线向通信卫星发射无线电信号，通信卫星的天线接收信号后，经过转发器放大和变换，由卫星天线转发到地球站 B，当地球站 B 接收到信号后，完成了从地球站 A 到地球站 B 的通信过程。

当通信卫星运行在较高轨道时，相距较远的两个地球站能够在同一颗卫星的覆盖范围内，只用一颗通信卫星就能实现转发通信。当通信卫星运行在较低轨道时，相距较远的两个地球站处于不同卫星的覆盖范围内，需要利用多颗卫星转发才能实现远距离通信。

卫星通信的主要业务类型包括固定卫星业务（Fixed Satellite Service，FSS）、移动卫星业务（Mobile Satellite Service，MSS）、广播卫星业务（Broadcast Satellite Service，BSS）等。固定卫星业务是固定地球站之间利用通信卫星进行的卫星通信业务，是卫星通信的主要业务类型。移动卫星业务是移动地球站或者移动用户使用手持终端、便携

机载站

中央站

地球站A

车载站

船载站

地球站B

图 1-1 卫星通信示意图

终端、车载站/船载站/机载站等终端，通过卫星移动通信系统实现用户在陆地、海上、空中的通信业务。广播卫星业务是利用卫星发送，为公众提供的广播业务。如常见的卫星电视广播可以将电视节目利用通信卫星送到千家万户。

卫星通信的发展要追溯到 1945 年 10 月英国人克拉克（Arthur C. Clarke）在 *Wireless World* 发表的 *Extra-Terrestrial Relays—Can Rocket Stations Give World-wide Radio Coverage?* 论文，其中提出了利用静止轨道卫星进行通信的科学构想，文中指出三颗卫星可以实现全球覆盖。

1957 年 10 月 4 日，苏联成功发射了世界上第一颗人造地球卫星 Sputnik，它标志着卫星时代的到来，让人们看到卫星通信的希望。广义上讲，一个相对较小的物体围绕另一个较大的物体旋转，较小的物体即为较大物体的"卫星"（Satellite）。人造地球卫星则是人造的相对地球旋转的卫星，一般不特别指出时，卫星都是指人造地球卫星（Artificial Earth Satellite）。Sputnik 卫星只配备了一个反馈发射机，不具备通信能力，卫星上有一台无线电发报机，不停地向地球发出"滴—滴—滴"的信号。这颗卫星的成功发射揭开了人类向太空进军的序幕，激发了世界各国研制和发射卫星的热情。

1958 年 1 月，美国发射了"斯柯尔"（Score）卫星，通过它转播了艾森豪威尔总统的圣诞致辞录音，成为来自太空的第一个声音。Score 卫星上的录音机可以存储时长为 4 min 的信息，在运行 35 天后，卫星携带的电池耗尽。

1962 年 7 月，美国成功发射了第一颗真正实用性的通信卫星 Telstar，揭开了卫星通信发展的序幕。Telstar 卫星采用 C 波段转发器，收发信机是根据陆地微波设备改装而成的，上行链路的工作频率为 6.389 GHz，下行链路的工作频率为 4.169 GHz。

1964 年 8 月，美国发射了第一颗地球静止轨道通信卫星 Syncom-3，成功完成了电话、电视和传真的传输试验。同一年成立了国际电信卫星组织（International

Telecommunication Satellite Organization，INTELSAT）。卫星通信从试验阶段转向实用阶段。

1965 年 4 月 6 日，美国成功发射"晨鸟"（Intelsat Ⅰ号）对地静止轨道卫星，卫星具有两个 C 波段转发器，带宽约为 25 MHz，在大西洋地区开始进行商用国际通信业务；很快，1965 年 4 月 23 日，苏联成功发射了第一颗非同步轨道卫星——"闪电"Ⅰ号（Molniya），卫星采用高椭圆轨道（Highly Elliptical Orbit，HEO），对其北方、西伯利亚、中亚地区提供电视、广播、传真和其他一些电话业务。卫星通信进入实用阶段。

1998 年年底，铱星（Iridium）系统投入运营，利用低轨道卫星星座实现个人移动通信，非静止轨道卫星进入运行阶段。铱星系统真正完成了用卫星实现全球个人通信的目的，成为卫星通信发展历史上的又一个里程碑。

进入 21 世纪，宽带个人通信、卫星移动通信等得到蓬勃发展，多个低轨道和中轨道卫星系统投入运行。如 SpaceX 首席执行官马斯克 2015 年宣布"星链"计划，利用低轨道卫星在全球范围内提供低成本的互联网接入服务。2018 年 2 月 22 日，美国加州范登堡空军基地成功发射一枚"猎鹰 9 号"火箭，并将两颗小型试验通信卫星送入轨道，"星链"计划由此启动。

1984 年 4 月 8 日，我国首次发射地球静止轨道通信卫星"东方红二号"（DFH - 2），用于国内远距离电视传输，逐步开始了我国的卫星通信。"东方红二号"卫星的成功发射开创了我国利用本国通信卫星进行卫星通信的历史，使我国成为世界上第五个独立研制和发射静止轨道卫星的国家。1985 年，中国广播通信卫星公司成立，标志着我国卫星通信领域正式进入商业运营阶段。1988 年，发射"东方红二号甲"（DFH - 2A）卫星，主要为国内的通信、广播、交通、水利、教育等提供服务。1990 年 4 月 7 日，"长征三号甲"运载火箭成功发射"亚洲一号"通信卫星，这是中国航天第一次走出国门，承担国外商业卫星的发射任务。1997 年，发射了第三代通信卫星"东方红三号"（DFH - 3）卫星，主要用于电视传输、电话、电报、传真、广播和数据传输业务；2008 年 4 月 25 日，"天链一号 01 星"发射升空，这是我国第一颗跟踪与数据中继卫星，这意味中国航天器开始拥有天上的数据"中转站"。"天链一号 01 星"发射升空，填补了我国中继卫星领域的空白。2016 年 8 月 6 日，"天通一号 01 星"发射升空，这是我国卫星移动通信系统的首发星。2018 年 12 月 22 日，我国发射了"虹云"首发星，一周后，我国发射了"鸿雁"首发星，这意味着我国低轨宽带卫星通信系统开始建设。

1.1.2　系统组成

以空间飞行器或通信转发器为对象的无线电通信统称为空间通信或宇宙通信，空间通信共有三种基本形式，如图 1 - 2 所示。第Ⅰ种空间通信方式为地球站与空间飞行器之间的通信，第Ⅱ种空间通信方式为空间飞行器之间的通信，第Ⅲ种空间通信方式为通过空间飞行器的转发或反射进行的地球站之间的通信。卫星通信属于第Ⅲ种空间通信方式。

卫星通信系统主要由通信卫星（空间段）、通信地球站分系统（地面段）、跟踪遥测及指令分系统和监控管理分系统等四部分组成，如图 1 - 3 所示。

图 1 – 2　空间无线电通信的三种基本形式

图 1 – 3　卫星通信系统的组成

空间段可以由一颗或多颗通信卫星组成，在空中对发来的信号起中继放大和转发作用，部分卫星可实现星上信号交换与处理。通信卫星的主体是通信装置，包括天线和通信转发器，另外，还有卫星平台，包括测控、控制和结构等分系统。每颗通信可以包括一个或多个转发器，每个转发器能接收和转发多个地球站的信号。空间段有多颗卫星时，卫星和卫星之间可以建立星间链路实现卫星组网，扩大卫星的覆盖范围。

通信地球站分系统包括地球站和通信业务控制中心。地球站是微波无线电收发信台（站），用户通过它们接入卫星线路，主要完成用户与用户间经卫星转发的无线电通信。地球站包括中央站和普通地球站。中央站具有普通地球站的通信功能，此外，还负责通信系统的业务调度与管理、对普通地球站进行监测控制及业务转接等。

跟踪遥测及指令分系统也称为测控站，对卫星进行跟踪测量，控制卫星准确进入预定轨道的指定位置，卫星正常运行后，定期对在轨卫星进行轨道修正和位置姿态保持等。

监测管理分系统对在轨运行卫星的通信性能及参数进行业务开通前的监测，业务开通后对卫星及地球站参数进行监测、控制及管理，包括转发器功率、天线增益、地球站发射功率等，保证通信卫星正常运行和工作。

1.2　工作频率

卫星通信中使用无线电波实现信息的传输，地球站发射的无线电波要经过对流层（含云层和雨层）、平流层、电离层和外层空间，到达通信卫星后，由通信卫星进行转发。

卫星通信工作频段的选择是非常重要的，会影响到系统的传输容量、地球站与转发器的发射功率、天线尺寸与设备的复杂程度等。为了满足卫星通信的要求，工作频段的选择要遵循以下原则：

①电磁波工作频率的选择应能穿过电离层；

②传播损耗及其他损耗和外界附加噪声应尽可能小；

③可供使用的带宽要大，以便尽量增大通信容量；

④能够合理地使用无线电频谱，与其他地面通信系统之间的互相干扰要尽量小；

⑤能充分利用现有技术设备，便于与现有通信设备配合使用。

大部分卫星通信使用的工作频段都处在微波频率范围内，为 0.3～300 GHz。由于微波频段能够满足卫星通信的需求，微波频段具有很宽的频谱，频率高，能提供足够大的带宽，天线的增益高，天线尺寸小，现有的微波通信设备可以改造利用，而且这些电磁波通过大气层时不会被电离层反射，能够穿透电离层。

微波频段可以根据波长的长短划分为分米波段、厘米波段、毫米波段，对应的频率和波长见表 1－1。

表 1－1　微波频段分类

名称		频率/GHz	波长
分米波段	特高频 UHF	0.3～3	10～100 cm
厘米波段	超高频 SHF	3～30	1～10 cm
毫米波段	极高频 EHF	30～300	1 mm～1 cm

地球站与卫星之间利用电磁波进行信息传播时，必须穿过大气层，不可避免地会受到大气层的影响。既会受到电离层中自由电子和离子的吸收，也会受到对流层中的水蒸气、氧分子和雨、雾、云、雪等的吸收和散射，从而形成一定的损耗。

大气吸收损耗与工作频率的关系如图 1－4 所示。大气吸收损耗随着仰角的增大，会相应地减小；随着工作频率的增加，会相应地增大；而且会受到气候条件的影响，如 Ku、Ka 频段受到降雨的影响会产生较大的雨衰。在 0.3～10 GHz 频段，大气吸收损耗最小，该频段称为"无线电窗口"；在 30 GHz 附近也有一个损耗低谷，该频段通常称为"半透明无线电窗口"。选择工作频段时，应该考虑选在这些"窗口"附近。

图 1 - 4　大气吸收损耗与工作频率的关系示意图

在卫星通信中会受到各种噪声的影响，而噪声温度与工作频率的关系如图 1 - 5 所示。因此，从降低接收系统噪声的角度来考虑，卫星通信工作频段最好选在 1 ~ 10 GHz

图 1 - 5　噪声温度与工作频率的关系示意图

之间。卫星通信的工作频段以 1 ~ 10 GHz 最为适宜。最理想的频率在 6/4 GHz（C 波段）附近，该频段带宽较宽，便于利用成熟的微波通信技术，并且由于工作频率较高，天线尺寸也较小。

卫星通信常用的工作频段有 L、C、Ku、Ka 等，见表 1 - 2。卫星通信的工作频段中，前边是地球站向卫星传输的上行频率，后边是卫星向地球站传输的下行频率。如 C 频段 6/4 GHz，表示上行频率在 6 GHz 左右，下行频率在 4 GHz 左右。

表 1 - 2 卫星通信常用的工作频段

频段名称	频段范围/GHz	使用情况/GHz
L	1.0 ~ 2.0	1.6/1.5
C	4.0 ~ 8.0	6/4
Ku	12.5 ~ 18.0	14/11（12）
Ka	18.0 ~ 40.0	30/20

（1）L 频段

L 频段的频率范围为 1 ~ 2 GHz，主要应用于卫星移动通信及导航系统。主要特点有：不受天气影响；对天线的方向性要求较低；发射功率较低；传输速率较低等。第 8 章卫星移动通信中，很多系统的移动通信卫星与用户工作在 L 频段。

（2）C 频段

C 频段是较理想的工作频率，频率范围为 4 ~ 8 GHz，处于"无线电窗口"频段，可用带宽达 500 MHz，多数商用卫星固定业务使用 C 频段，主要特点有：噪声温度低；大气损耗小；雨衰较小，一般为 1 ~ 2 dB 等。C 频段的传输比较稳定，设备技术成熟，但是频段资源十分拥挤，容易与地面微波中继通信互相干扰，在市区内选址比较困难。

（3）Ku 频段

Ku 频段的频率范围为 12.5 ~ 18 GHz，可用带宽可达 1 400 MHz。主要特点有：天线波束宽度窄，有利于实现点波束、多波束通信；天线增益较高，有利于地球站的小型化；Ku 频段频谱资源丰富，不存在与地面微波通信干扰问题，建站选址相对容易。Ku 频段正在大量使用，但是该频段传输容易受降雨影响，雨衰较大，不如 C 频段稳定，尤其是雨量大的地区影响更大。

（4）Ka 频段

Ka 频段的频率范围为 18 ~ 40 GHz，可用带宽可增大到 3.5 GHz，是 C 频段 6/4 GHz 时的 7 倍，主要用于宽带卫星通信系统。主要特点有：数据传输速率较高，如美国的跟踪与数据中继卫星系统（Tracking and Data Relay Satellite System，TDRSS），利用 Ka 频段时，传输速率可达 800 Mb/s；天线方向性强，能较好地对抗干扰；有利于实现点波束覆盖等。但是 Ka 频段受降雨影响很大，雨衰非常大，最大可达 30 dB。

由于低频段频率资源日益紧张，使用 Ku 和 Ka 频段的系统不断增加。随着通信业务的急剧增长，这些频段也将趋于饱和，需要探索应用更高的频率资源，直至光波频段的可用性。目前开始开发 Q 频段和 V 频段，Q 频段的频率范围为 33.0 ~ 50.0 GHz，V 频段的频率范围为 50.0 ~ 75.0 GHz。

1.3 主要特点

对于边远城市、海岛、沙漠、农村和交通、经济不发达地区，卫星通信可以提供便捷的通信保障，能够为用户的无线连接提供很大的自由度，并且支持用户的移动性，相比较而言，卫星通信具有以下特点。

1. 卫星通信的主要优点

（1）通信距离远，并且费用与通信距离无关

利用静止轨道通信卫星，一颗卫星的最大通信距离达 18 000 km 左右，如图 1 - 6 所示。建站费用和运行费用不因地球站之间的距离远近及两站之间地面上的地理条件恶劣程度而变化。相比较光纤通信、微波通信等通信手段而言，卫星通信没有线路投资。

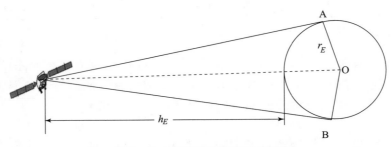

图 1 - 6　卫星通信距离示意图

（2）覆盖面积大，可进行多址通信

一颗静止轨道通信卫星可覆盖地球表面的 1/3 左右，三颗静止轨道通信卫星可以实现全球南北纬 70° 以内的覆盖。多颗低轨道通信卫星组成卫星星座能够实现全球覆盖。在卫星天线波束覆盖的整个区域内的任何一点，都可设置地球站，这些地球站可共用一颗或多颗通信卫星来实现双边或多边通信，进行多址通信。

（3）通信频带宽，传输容量大，适于多种业务传输

由于卫星通信使用微波频段，频带宽，传输容量大。例如，C 频段可用带宽 500 MHz，Ku 频段可用带宽可达 1 400 MHz。一颗通信卫星的通信容量可达数千路甚至上万路电话，能够传输数多路彩色电视信号以及数据和其他信息等。

（4）通信线路稳定可靠，通信质量高

卫星通信的电波主要是在大气层以外的宇宙空间传输，而宇宙空间接近真空状态，可以看作是均匀介质，电波传播比较稳定。尤其是静止轨道通信卫星到地面站的距离约 35 786 km，大气层的厚度约 16 km，受大气、雨、雾等影响相对较小。而且卫星通信不受地形、地物等自然条件的影响，不易受通信距离变化的影响，所以通信稳定可靠，传输质量高。

（5）通信电路灵活，机动性好

卫星通信不仅能作为大型地球站之间的远距离通信干线，还可以为车载、船载、地面小型机动终端及个人终端提供通信，能够根据需要迅速建立不同方向、不同用户间

的通信联络，能在短时间内将通信网延伸至新的区域，或者使设施遭到破坏的地域迅速恢复通信。

2. 卫星通信的主要缺点

（1）保密性和抗干扰性较差

卫星通信具有广播特性，容易被窃听，而且通信卫星的部分参数是公开的，容易受到人为干扰。通信系统的保密主要从防窃听和信息加密两方面考虑。对于防窃听，采用先进的技术体制能起到防止窃听的作用。可以采用加密技术等提高卫星通信的保密性能。现代数字通信及计算机技术为信息加密提供了技术条件，卫星通信可选用数字通信体制及数字加密技术，可以采用跳频技术、扩频技术等提高卫星通信的抗干扰能力。

（2）时延较大

利用地球静止轨道通信卫星进行通信，如果地球站天线仰角为 5°～10°，则信号经卫星一次转接行程约 8×10^4 km。信号以 3×10^5 km/s 的光速传播，则需要 270 ms 传播时延，当进行双向通信时，传输时延可达 0.54 s。

大时延会产生回波干扰和话音重叠问题。由于时延较大及收发话音的混合线圈不平衡等原因，使得发话者在 0.54 s 后又听到了反馈回来的自己讲话的回声，造成干扰。卫星电话采用了回波抑制或回波抵消设备来解决回波干扰问题。但是，卫星线路的传输时延并不能克服，往往打卫星电话会使人感到对方应答慢，反应迟钝。因此，在打卫星电话时，说话要稍慢一些；而且，通话尽量避免两次经过卫星转发的双跳通信。

（3）星蚀和日凌

静止轨道通信卫星围绕地球赤道面旋转，每年在春分和秋分前后，卫星、地球和太阳会共处在一条直线上，如图 1-7 所示。当卫星处于太阳和地球之间时，地球站天线对准卫星的同时也就对准太阳，强大的太阳噪声进入地球站将造成通信中断，这种现象称为日凌中断。对于静止轨道通信卫星，日凌影响难以避免，每年春分和秋分各发生一次，每次大约 6 天，每天发生在中午，最长持续时间约 10 min。日凌发生的日期和时间与卫星地球站所处的地理位置及其接收天线的电气特性有关；日凌中断的具体持

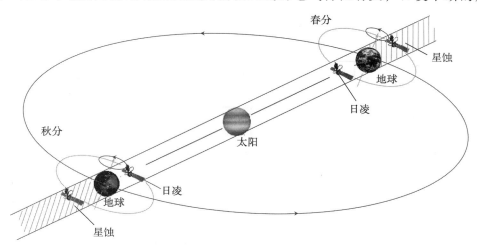

图 1-7　静止轨道通信卫星卫星的星蚀和日凌中断示意图

续时间与地球站天线口径、工作频率等有关。日凌中断时间较短，累积时间为全年的0.02%，并且可以预报，必要时可采用主、备卫星转换的办法来保证不间断通信。

卫星、地球和太阳处于一条直线上时，卫星进入地球的阴影区，这种现象称为星蚀。在星蚀期间，太阳能电池不能正常工作，卫星需要采用星载蓄电池为各部分进行供电，以保证通信不间断。对于静止轨道通信卫星，星蚀发生在每年春分和秋分前后各 23 天的午夜，每天发生的星蚀持续时间不同，最长时间约为 72 min。

（4）高纬度地区存在覆盖盲区

利用静止轨道通信卫星进行卫星通信时，卫星在地球赤道上空，由于地球曲率及无线电波直线传播的特性，使得卫星无法实现对高纬度地区的覆盖，只能覆盖南北纬约70°以内的范围。

1.4　主要参数

卫星通信涉及很多参数，例如有效全向辐射功率、接收系统品质因数、转发器饱和通量密度、噪声功率、载噪比等。

1. 有效全向辐射功率

有效全向辐射功率（Effective Isotropic Radiated Power，EIRP）也称为等效全向辐射功率，是表征地球站或卫星转发器发射能力的一项重要技术指标，值越大，表明地球站或卫星转发器的发射能力越强。

把卫星和地球站发射天线在波束中心轴向上辐射的功率称为发送设备的有效全向辐射功率，也称为等效全向辐射功率。EIRP 的物理意义是：为了要保持同一接收点的收信电平不变，用全向同性天线代替原天线时所对应馈入的有效功率。

有效全向辐射功率是天线发射功率 P_T 与天线增益 G_T 的乘积。

$$\text{EIRP} = P_T \cdot G_T \tag{1.1}$$

在卫星通信中，一般使用定向天线把电磁波能量聚集在某个方向上辐射，天线增益与天线开口面积 A 和工作波长为 λ 有关。

$$G = \frac{4\pi A}{\lambda^2}\eta = \left(\frac{\pi D}{\lambda}\right)^2 \eta \tag{1.2}$$

2. 接收系统品质因数

地球站接收系统品质因数是卫星通信系统的一个重要参数，也是对地球站进行分类的主要依据之一。

品质因数指接收系统天线增益与等效噪声温度之比 G/T，G 为天线增益，T 为等效噪声温度。G/T 表示地球站天线和低噪声放大器的性能，它与接收机的灵敏度密切相关。地球站的接收灵敏度越高，越能有效地利用通信卫星。所谓接收灵敏度，是指接收来自卫星微弱信号的能力。因此，地球站的接收天线增益 G 越高，接收系统的等效噪声温度（包括外部和内部的）T 越低，为了保证一定的通信质量（信噪比或误码率），则所需的卫星功率越小；或者，卫星功率一定时，G/T 值越大，通信容量越大或通信质量越好。无论是提高 G，还是减少 T，其效果是相同的。前者需要增大天线口径或提高天线效率，后者需要采用低噪声接收机。

接收系统品质因数的计算可以用对数形式表示为：

$$\left[\frac{G}{T}\right] = [G_R] - 10\lg T\ (\mathrm{dB/K}) \tag{1.3}$$

3. 转发器饱和通量密度

转发器饱和通量密度是指为使卫星转发器单载波饱和工作，在其接收天线的单位有效面积上应输入的功率，表示卫星转发器的灵敏度。

转发器饱和通量密度的计算式可以表示为：

$$[W_s] = [\mathrm{EIRP}]_{ES} - [L]_u + 10\lg\left(\frac{4\pi}{\lambda^2}\right)\ (\mathrm{dBW/m^2}) \tag{1.4}$$

式中，$10\lg\left(\dfrac{4\pi}{\lambda^2}\right)$ 表示接收天线单位有效面积的增益；EIRP 的下标 E 表示地球站发，S 表示转发器饱和工作；$[L]_u$ 表示上行链路的自由空间传播损耗。

工作在 C 频段 6 GHz 时，接收天线单位有效面积的增益约为 37 dB。

4. 噪声功率

卫星通信链路中，接收天线在接收地球站或卫星转发的信号时，还会接收到大量的噪声。噪声的大小可直接用噪声功率来度量。噪声功率与等效噪声温度及等效噪声带宽有关。

$$N = kTB \tag{1.5}$$

式中，$k = 1.38 \times 10^{-23} \mathrm{J/K}$，为玻尔兹曼常数；$T$ 为等效噪声温度；B 为等效噪声带宽。

若噪声用单边功率谱密度 n_0 来表示，则 $n_0 = kT$，因此，噪声的大小也可以用等效噪声温度 T 间接来表示。

5. 载噪比

卫星通信线路中的载波功率与噪声功率之比简称为载噪比，是决定卫星通信线路性能最基本的参数之一。

载噪比与有效全向辐射功率、接收天线增益、自由空间传播损耗、噪声功率等有关，可以用对数形式表示为：

$$\left[\frac{C}{N}\right] = [\mathrm{EIRP}] - [L_f] + [G_R] - \sum[L_i] - [N] \tag{1.6}$$

式中，C 是卫星或地球站接收机输入端的载波功率，一般称为载波接收功率；N 为噪声功率；EIRP 为有效全向辐射功率；L_f 为自由空间传播损耗；G_R 为接收天线增益；L_i 为其他损耗之和。

1.5　STK 仿真软件

1.5.1　概述

STK（Satellite Tool Kit，卫星工具箱）是航天领域优秀的设计软件，由美国分析图形有限公司（Analytical Graphics Incorporation，AGI）研制，在航天器仿真方面有着巨大的优势，可用于分析复杂的陆地、海洋、航空及航天任务，并可提供逼真的 2 维、3 维可视化动态场景及精确的图表、报告等。STK 具有强大的分析能力，能够生成轨道/弹道星历表，开展可见性分析、遥感器分析、姿态分析等，具备可视化的计算结果、全面的数据报告等功能。

随着 STK 功能的不断扩展，STK 的应用领域也逐步从卫星领域扩展到其他领域，名称由"卫星工具箱（Satellite Tool Kit）"更改为"系统工具箱（System Tool Kit）"，其英文缩写 STK 保持不变。

STK 能够仿真典型卫星轨道，模拟卫星、地球站、链路等，可进行卫星与地球站的可见性分析、卫星的覆盖性能分析、链路特性分析等，提供报告和图表分析功能，能够更好地促进对卫星通信理论知识的学习，调动学习积极性，进一步加深对理论知识的理解与掌握。本书在卫星轨道、地球站、通信卫星、卫星链路等章节，结合理论知识介绍 STK 的仿真操作。

1. STK 主要功能

（1）分析能力

STK 通过复杂的数学算法迅速、准确地计算出卫星在任意时刻的位置、姿态，如实时显示卫星的星下点经纬度，评估陆地、海洋、空中和空间对象间的复杂关系，仿真卫星或地面站遥感器的覆盖区域。

（2）轨道生成向导

STK 提供卫星轨道生成向导，引导用户快速仿真常见的轨道类型，如地球同步轨道、临界倾角轨道、太阳同步轨道、莫尼亚轨道、重复轨道、圆轨道等。

（3）可见性分析

STK 可以计算任意两个对象间的访问时间并在二维地图窗口动画显示，计算结果可以形成图表或文字报告。也可以在对象间增加几何约束条件，如遥感器的可视范围、地面站的最小仰角、方位角和地面站与卫星间的最大距离、卫星覆盖重数等。

（4）遥感器分析

遥感器可以附加在任何空基或地基对象上，用于可见性分析的精确计算。遥感器覆盖区域的变化能够动态地显示在二维地图窗口，包括复杂圆弧、半功率、矩形、扫摆等多种遥感器类型。

（5）姿态分析

STK 提供标准姿态定义，或者从外部输入姿态文件（标准四元数姿态文件），从而为计算姿态运动对其他参数的影响提供多种分析手段。

（6）可视化的计算结果

STK 在二维地图窗口可以显示所有以时间为单位的信息，多个窗口可以分别以不同的投影方式和坐标系显示。可以向前、向后或实时地显示任务场景的动态变化，如，空基或地基对象的位置、遥感器覆盖区域、可见情况、光照条件、恒星/行星位置，可将结果保存为 BMP 位图或 AVI 动画等。

2. STK 模块

STK 拥有多个不同模块，包括轨道机动模块、链路分析模块、通信模块、空间接近分析模块、覆盖模块、精确定轨模块、雷达模块、空间环境模块等。本书中简要介绍与卫星通信密切相关的链路分析模块、覆盖模块和通信模块等。

（1）STK/Chains 链路分析模块

STK/Chains 链路分析模块可以进行对象间的可见性分析，扩展 STK 确定对象间互访的能力。链路是 STK 中卫星、地面站、船舶、遥感器等对象的联合体，通过这些对象的有序组合来建立一种通信模型或数据传输途径，如北京→卫星→某船舶的链路。STK/Chains 可以建立星座，星座可以是多颗卫星组成的卫星星座、地面站网络、地面目标群和遥感器组，利用链路将这些对象组合起来。

（2）STK/Coverage 覆盖模块

STK/Coverage 覆盖模块用于对卫星、地面站、车辆、导弹、飞机、船舶进行全面的覆盖性能分析。Coverage 可以和 STK 的其他模块如 Chains、Comm 等相结合确定对象可见的时间间隔。用户可以自定义覆盖区、覆盖资源、时间周期、覆盖品质标准，还可以形成反映覆盖品质的动态或静态文字报告与图表。Coverage 可以分析各种覆盖问题，如一颗故障卫星对整个星座覆盖情况产生的影响，何时何地卫星会出现覆盖间隙，何时会出现多颗卫星，同时覆盖一个对象的情况。

（3）STK/Comm 通信模块

STK/Comm 通信模块是面对通信用户设计的附加模块。其对飞行器和地面站之间、飞行器和飞行器之间等提供通信链路的分析，考虑了详细的降雨模型、大气损耗等，能将分析的结果在二维地图上表达或利用 STK/VO 进行全球三维的显示。接收机和发射机模型可以附加在卫星、地面站等对象中。STK/Comm 通信模块在通信的链路分析中还模拟了通信干扰及环境对通信质量的影响。

1.5.2 基本操作

STK 软件安装完毕后，可以开展仿真分析，启动 STK 后，弹出如图 1 − 8 所示的对话框。单击 "Create a Scenario" 按钮可以创建一个新的场景。

图 1 − 8 创建/打开场景

"Open a Scenario" 打开一个已有的场景。

"Training and Tutorials" 打开 STK 的帮助页面。

新建场景后，会弹出 "New Scenario Wizard" 的对话框。"Name" 可以修改场景名称，"Description" 对场景进行简单描述，"Location" 可以修改保存场景的路径，"Start" 仿真开始时间，"Stop" 仿真结束时间。单击 "OK" 按钮新建场景，弹出插入对象对话框。

　　新建后的仿真场景如图 1 – 9 所示。该场景包括菜单栏、工具栏、对象浏览区、3D 窗口和 2D 窗口、时间线视图等。

图 1 – 9　新建后的仿真场景

　　为了更清晰地显示卫星轨道星下点轨迹等，本书将 STK 仿真场景中的 2D 场景的背景换成白色背景，仅显示经纬度、日照和阴影情况等。

　　当选择对象浏览区的场景名称，如 "Scenario1" 时，菜单栏分别为 File、Edit、View、Insert、Analysis、Scenario、Utilities、Window、RT3 和 Help。

　　如果选择对象浏览区的卫星，如 "Satellite1" 对象，菜单栏的 "Scenario" 会变为 "Satellite"，其他不变。

　　场景建立后，可以修改场景名称，选中场景名称后，右击，选择 "Rename"，修改为相应的名称，便于后续通过 "Open a Scenario" 打开之前建立的场景。

1.5.3　菜单栏

　　打开 STK 软件，新建仿真场景后，最上方列出了 STK 菜单栏，包括 "File" "Edit" "View" "Insert" "Analysis" "Scenario" "Utilities" "Window" "RT3" "Help" 等，如图 1 – 10 所示。

图 1-10　STK 菜单栏和工具栏

"File" 菜单的选项包括 "New""Open""Close""Save""Save As""Save to STK Data Federate…""VDF Setup…""Set as Default Scenario""Print""Exit"。

"Edit" 菜单的选项包括 "Cut""Copy""Paste""Delete""Find…""Preferences…"，在新建一个场景或者导入一个已有场景时，"Edit" 等下拉菜单中的部分菜单项才能可用。

"View" 菜单的选项包括 "Toolbars""Planetary Options""Status Bars""Full Screen" "New 2D Graphics Window""Duplicate 2D Graphics Window""New 3D Graphics Window" "Duplicate 3D Graphics Window""1 Timeline View""2 Properties Browser""3 Message"。

"Insert" 菜单的选项包括 "New…""From File…""Default Object…""From Standard Object Database…""Place by Address…""Area Target from Database…""Star From Database…" "From GPS Almanac…""From SP3 File…"。

"Analysis" 菜单的选项包括 "Analysis Workbench…""Access…""Deck Access…" "Coverage…""Quick Report Manager…""Report & Graph Manager…""Remove All Accesses""Remove All Object Coverages"。

当选择 "Object Browser" 中的 "Scenario" 时，菜单栏会有 "Scenario" 菜单，其主要选项包括 "B-Plane Template…""Geo Mag Flux…""GIS Import…"。

当选择 "Object Browser" 中的 "Satellite" 时，菜单栏会有 "Satellite" 菜单，其主要选项包括 "B-Plane Template…""Attitude Simulator…""Export Initial State…""Load Prop Def File…""Close Approach…""Lifetime…""Orbit Wizard…""Generate TLE…""Walker…" "New 3D Attitude Graphics Window" 等。

"Utilities" 菜单的选项包括 "Imagery and Terrain Converter…""Create Color Elevation Imagery…""Component Browser…""Aviator Catalog Manager…""Update SGP4/ GPS Satellite…""Create TLE File…""Data Update…""Primitives""Export" 等，可以进行地形和图像转换等操作。

"Window" 菜单的选项包括 "Close""Close All""Cascade""Tile Horizontally""Tile Vertically""1 3D Graphics1-Earth""2 2D Graphics1-Earth" 等。

"RT3" 菜单的选项包括 "Display Manager""Event Manager""Event Log""Output" "Display Settings"。

"Help" 菜单的选项包括 "STK Help""Programming Interface Help""Training and Tutorials""User Resources""License Viewer""About STK…" 等，可以打开 STK 帮助获得相关方面的帮助。

1.5.4　工具栏

STK 工具栏包括几个不同部分："Default""STK Tools""2D Graphics""3D Graphics""Animation""Data Providers" 等，可以方便、快捷地开展相关操作，如图 1 – 10 所示。

"Default" 工 具 栏，主 要 包 括 "New""Open""Save""Welcome Dialog""Insert Object""Insert Default Object""New Integrated HTML Browser""Properties"。接下来介绍几个常用的工具功能。

"STK Tools" 工具栏：可以快速开展选定对象间的访问时间分析等，主要包括"Access …""Deck Access …""Analysis Workbench…"。

"Animation" 工具栏：主要用于控制 STK 仿真中场景动画的播放，包括 "Reset""Step in Reverse""Reverse""Pause""Start""Step Forward""Decrease Time Step""Increase Time Step""Normal Animation Mode""Real-time Animation Mode""X Real-time Animation Mode""Current Scenario Time"。

习　　题

1. 简要叙述什么是卫星通信。卫星通信的主要业务类型有哪些？
2. 卫星通信的系统组成有哪几部分？其主要作用有哪些？
3. 卫星通信工作频率的选择原则有哪些？
4. 卫星通信常用的工作频率有哪些？各有哪些特点？
5. 卫星通信的主要优缺点有哪些？
6. 什么是星蚀和日凌中断？对卫星通信会产生什么影响？
7. 卫星通信的主要参数有哪些？主要衡量什么性能？
8. STK 仿真软件的主要功能有哪些？

第 2 章
卫星轨道

卫星绕着地球沿着一定的轨迹运行，卫星运行的轨迹和趋势称为卫星运行轨道。卫星根据使用目的和发射条件不同，可能有不同高度和不同形状的轨道，但是卫星轨道位置都在通过地球中心的一个平面内。卫星运动所在的轨道面称为轨道平面。

本章主要介绍卫星运动规律，描述卫星轨道的分类，列举卫星轨道的主要参数，分析卫星的星下点及特点等，结合 STK 开展常见卫星轨道仿真、轨道参数仿真和星下点轨迹仿真等。

2.1 卫星运动规律

卫星围绕地球飞行的轨道与行星围绕太阳飞行的轨道满足相同的规律。德国天文学家约翰尼斯·开普勒（1571—1630）通过观察数据，提出了关于行星运动的三大定律。

卫星在轨道上运行满足开普勒三定律。根据万有引力定律可以推导出开普勒三定律。为了方便推导，需要进行三点假设：卫星相对于地球而言是点质量物体；地球是一个理想的球体，质量均匀；忽略太阳、月球和其他行星对卫星的引力作用，仅仅考虑地球引力场的作用。

2.1.1 开普勒第一定律

开普勒第一定律即椭圆定律：卫星以地心为一个焦点做椭圆运动，如图 2-1 所示。

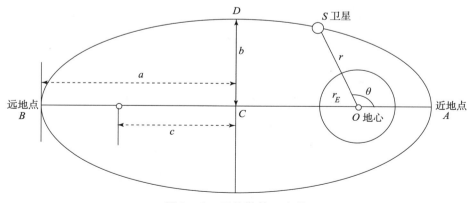

图 2-1 开普勒第一定律

图 2-1 中，S 是卫星，C 是椭圆中心，O 是地心，地心位于椭圆轨道的两个焦点之

一；r_E 为地球平均半径，常用取值 6 378 km，r 为卫星到地心的瞬时距离，θ 为卫星 - 地心连线与地心 - 近地点连线的夹角。

卫星轨道的极坐标表达式为：

$$r(\theta) = \frac{a(1 - e^2)}{1 + e\cos\theta} \tag{2.1}$$

式中，a 为轨道半长轴；e 为偏心率。

偏心率是椭圆焦点离开椭圆中心的比例，即椭圆焦距和长轴长度的比值，即

$$e = \frac{c}{a} = \frac{\sqrt{a^2 - b^2}}{a} = \sqrt{1 - (b/a)^2} \tag{2.2}$$

式中，b 为半短轴；c 为半焦距，是地心离椭圆中心的距离。

半焦距 c 与半长轴 a 和半短轴 b 之间的关系可以表示为：

$$c = \sqrt{a^2 - b^2} \tag{2.3}$$

偏心率 e 决定了椭圆轨道的扁平程度，$0 \leqslant e < 1$。

当 $e = 0$ 时，轨道为圆轨道，即半焦距 $c = 0$，半长轴 a 与半短轴 b 相等。

当 $0 < e < 1$ 时，轨道为椭圆轨道，e 越大，即半焦距 c 越大，意味着地心离椭圆中心越远，轨道越扁。

卫星在轨道上运行，卫星到地心的距离 r 取值最大的点称为远地点，即卫星距离地心最远的点，远地点长度为半长轴与半焦距之和，也称为远地点半径，可以表示为：

$$r_{\max} = a + c = a(1 + e) \tag{2.4}$$

远地点高度即卫星在远地点时距离地面的高度，可以表示为：

$$h_{\max} = r_{\max} - r_E \tag{2.5}$$

r 取值最小的点称为近地点，即卫星距离地心最近的点，近地点长度为半长轴与半焦距之差，也称为近地点半径，可以表示为：

$$r_{\min} = a - c = a(1 - e) \tag{2.6}$$

近地点高度即卫星在近地点时距离地面的高度，可以表示为：

$$h_{\min} = r_{\min} - r_E \tag{2.7}$$

2.1.2　开普勒第二定律

开普勒第二定律即面积定律：卫星在轨道上运动时，单位时间内卫星与地心的连线扫过的面积相等。

在单位时间内，面积 $A_1 = A_2 = A_3$，如图 2 - 2 所示。由第二定律可知，在椭圆轨道上的卫星做非匀速运动，在近地点速度最快，在远地点速度最慢。

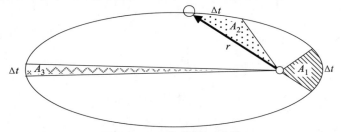

图 2 - 2　开普勒第二定律

根据能量守恒原理，可以推导出椭圆轨道上卫星的瞬时速度为：

$$v = \sqrt{\mu\left(\frac{2}{r} - \frac{1}{a}\right)} \text{ (km/s)} \tag{2.8}$$

式中，a 为椭圆轨道的半长轴；r 为卫星到地心的距离；μ 为开普勒常数，取值为 $3.986\,013 \times 10^5 \text{ km}^3/\text{s}^2$。

由式（2.8）可以看出：卫星在轨道上运行时，半长轴 a 一定，卫星到地心的距离 r 越大，则卫星在轨道上的运行速度就越小；反之，当卫星到地心的距离 r 越小时，则卫星在轨道上的运行速度就越大。

卫星在远地点时，运动速度最慢，把式（2.4）代入式（2.8），可以得到卫星在远地点的瞬时速度为：

$$v_{\min} = \sqrt{\frac{\mu}{a}\left(\frac{1 - e}{1 + e}\right)} \text{ (km/s)} \tag{2.9}$$

卫星在近地点时运动速度最快，把式（2.6）代入式（2.8），可以得到卫星在近地点的瞬时速度为：

$$v_{\max} = \sqrt{\frac{\mu}{a}\left(\frac{1 + e}{1 - e}\right)} \text{ (km/s)} \tag{2.10}$$

对于圆轨道而言，偏心率 $e = 0$，分别代入式（2.4）和式（2.6），可以得到卫星在圆轨道上运行时，卫星到地心的距离 r 与半长轴 a 相等，等于轨道高度加上地球半径。

$$r = a = h + r_E$$

理论上，卫星在圆轨道上具有恒定的运行速度，可以表示为：

$$v = \sqrt{\frac{\mu}{r}} = \sqrt{\frac{\mu}{h + r_E}} \text{ (km/s)} \tag{2.11}$$

式中，r 为卫星到地心的距离；h 为卫星的轨道高度；r_E 为地球半径；μ 为开普勒常数，取值为 $3.986\,013 \times 10^5 \text{ km}^3/\text{s}^2$。

由此得到，卫星在圆轨道上的运行速度与轨道高度有关，轨道高度越高，则运行速度越慢；反之，轨道高度越低，则运行速度越快。

2.1.3　开普勒第三定律

开普勒第三定律即调和定律：卫星环绕地球运转周期的平方与轨道半长轴的三次方成正比。

由第三定律得到，卫星绕地球飞行的周期为：

$$T = 2\pi\sqrt{\frac{a^3}{\mu}} \text{ (s)} \tag{2.12}$$

式中，T 为轨道周期；a 为轨道半长轴；μ 为开普勒常数。

卫星在轨道上的轨道周期只与半长轴有关，与椭圆轨道扁平程度即偏心率 e 无关。

如果卫星轨道为圆轨道，则卫星的轨道周期为：

$$T = 2\pi\sqrt{\frac{(h + r_E)^3}{\mu}} \text{ (s)} \tag{2.13}$$

圆轨道卫星的运行周期与轨道高度有关，轨道越高，卫星的运行周期就越长；反之，卫星的运行周期就越短。

2.2 轨道分类

卫星轨道的形状和高度对卫星的覆盖性能具有很大的影响，对于通信卫星而言，要实现对特定区域的覆盖，需要考虑通信卫星所采用的轨道形状及轨道高度。此外，通信卫星所采用的轨道倾角对卫星覆盖的纬度范围也有很大的影响。卫星运行的轨道可以按照形状、倾角、高度、回归周期等不同方法进行分类。

2.2.1 按轨道形状分类

卫星轨道按照形状，可以分为圆轨道和椭圆轨道，如图 2 – 3 所示。

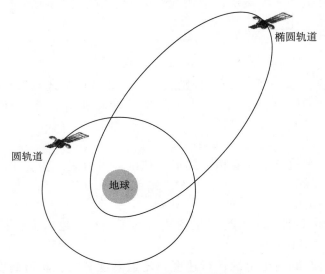

图 2 – 3 圆轨道与椭圆轨道

圆轨道是指偏心率等于 0 的卫星轨道，卫星轨道呈圆形。卫星在圆轨道上具有相对恒定的运动速度。因此，通信卫星运行在圆轨道能够提供均匀覆盖，目前大部分通信卫星采用圆轨道，如中星 6C、铱星等。

椭圆轨道是指偏心率不等于 0 的卫星轨道，卫星轨道呈椭圆形。卫星在椭圆轨道上做非匀速运动。椭圆轨道的卫星在远地点运动速度慢，此时卫星处于高纬度地区，在近地点运动速度快，卫星大部分时间在高纬度地区，比较适合对高纬度地区提供通信覆盖，被俄罗斯等国广泛使用，如 Molniya 轨道。

2.2.2 按轨道倾角分类

轨道倾角是指轨道平面与赤道平面间的夹角。卫星轨道按照倾角分类，可以分为赤道轨道、极轨道和倾斜轨道。

1. 赤道轨道

赤道轨道的轨道倾角为 0°，轨道上卫星的运行方向与地球自转方向相同，如图 2-4（a）所示。

图 2-4 轨道倾角分类示意图
（a）赤道轨道；（b）极轨道；（c）倾斜轨道

2019 年 3 月 10 日，中星 6C 成功发射升空，主要用于广播和通信，可提供高质量的语音、数据、广播电视传输业务等。中星 6C 采用地球静止轨道，该轨道属于赤道轨道。

2. 极轨道

极轨道卫星的轨道平面垂直于赤道平面，轨道倾角为 90°，卫星在轨道上运行时，会穿过地球南、北两极，如图 2-4（b）所示。卫星在极轨道上运行时，不能对地球上的任一点保持相对位置不变，不能对某一特定区域实现连续通信服务，要想实现全球覆盖，必须多颗卫星才能为全球提供不间断的通信服务。如，铱星系统采用近极轨道，有 6 个轨道，每个轨道 11 颗卫星，能够实现全球覆盖。

3. 倾斜轨道

卫星的轨道平面与赤道平面成一个夹角，称为倾斜轨道。倾斜轨道按照倾角的大小，又可分为顺行倾斜轨道和逆行倾斜轨道，如图 2-4（c）所示。

顺行倾斜轨道的倾角大于 0° 小于 90°，轨道上卫星在赤道平面上投影的运行方向与地球自转方向相同。采用顺行倾斜轨道将卫星送入轨道，运载火箭需要朝东方发射，利用地球自西向东自转的一部分速度，节省运载火箭的能量，通信卫星一般采用顺行倾斜轨道。全球星系统采用顺行倾斜轨道，由 48 颗卫星组成，均匀分布在 8 个倾角为 52° 的圆形轨道平面上，每个轨道平面 6 颗卫星。

逆行倾斜轨道的倾角大于 90° 小于 180°，轨道上卫星在赤道平面上投影的运行方向与地球自转方向相反。采用逆行倾斜轨道将卫星送入轨道，运载火箭需要朝西方发射，需要付出额外的能量来克服地球自转影响。当卫星轨道倾角大于 90° 时，地球的非球形重力场使得卫星的轨道平面由西向东转动。适当调整卫星的高度、倾角和形状，可以使卫星轨道的转动角速度等于地球绕太阳公转的平均角速度，这种轨道称为太阳同步轨道。太阳同步轨道卫星可以在相同的时间和光照条件下，多次拍摄同一地区的云层和地面目标，因此，这种轨道比较适合气象卫星和资源卫星。

2.2.3 按轨道高度分类

按照轨道高度分类，可以分为低轨道（Low Earth Orbit，LEO）、中轨道（Medium Earth Orbit，MEO）、地球静止轨道/地球同步轨道（Geostationary Orbit/Geosynchronous Orbit，GEO/GSO）和高椭圆轨道（Highly Elliptical Orbit，HEO），如图 2 - 5 所示。

图 2 - 5 不同高度的卫星轨道

不同高度轨道的划分主要由于地球外有内、外两个范·艾伦辐射带（Van Allen Radiation Belt）。范·艾伦辐射带是美国的詹姆斯·范·艾伦博士发现的围绕地球的高能粒子辐射带，共有内、外两层。辐射带内存在大量的高能粒子，对电子电路具有很强的破坏性，因此，选择卫星轨道时，应该避开这两个区域。高度较低的称为内范·艾伦带，主要包含质子和电子混合物；高度较高的称为外范·艾伦带，主要包含电子。范·艾伦带的辐射强度与时间、地理位置、地磁和太阳的活动有关。通常认为，内、外范·艾伦带中带电粒子的浓度分别在距离地面 3 700 km 和 18 500 km 附近达到最大值。实际上，高能粒子的辐射在任何高度均存在，只是强度不同，范·艾伦带是粒子浓度较高、较集中的区域。

1. 低轨道

低轨道（LEO）在内范·艾伦带内，距离地球表面 500 ~ 2 000 km，处于 LEO 轨道的卫星到地面距离近，具有对地面终端的损耗低、天线口径小等优势，对卫星移动通信应用极其重要，如铱星 Iridium 系统、全球星 Globalstar 系统等均采用 LEO 轨道。

2. 中轨道

中轨道（MEO）介于内外范·艾伦带中间，距离地球表面 8 000 ~ 20 000 km，如 Odyssey、ICO 系统等。很多导航卫星采用中轨道，如我国的北斗、美国的 GPS 以及俄罗斯的 GLONASS 卫星导航系统等。

3. 地球静止轨道/地球同步轨道

卫星运行的方向和地球自转的方向相同，轨道高度大约是 35 786 km，运行周期与地球自转周期（23 h 56 min 4 s，即 1 个恒星日）相同的轨道称为地球同步卫星轨道（GeoSynchronous Orbit，GSO）。

在无数条同步轨道中，有一条轨道倾角为 0° 的圆形轨道，轨道平面与地球赤道平面重合，这条轨道称为地球静止轨道。在这个轨道上的所有卫星，相对于地球表面呈静止状态，如中星 6A、中星 6C 等。

北斗卫星导航系统中既有中轨道卫星、地球同步轨道卫星，也有地球静止轨道卫星。北斗三号由 24 颗中轨道卫星、3 颗倾斜地球同步轨道卫星和 3 颗地球静止轨道卫星组成。

4. 高椭圆轨道

高椭圆轨道（HEO）是轨道倾角不为零的椭圆轨道，近地点高度较低，远地点高度大于 GEO 卫星的高度。根据式（2.9）和式（2.10），卫星在近地点附近运行速度较快，在远地点附近运行速度较慢。因此，当地球站处在远地点区域时，卫星与地球站建立的通信链路可以保持较长的时间。HEO 卫星可以通过调整轨道倾角来实现区域通信，如俄罗斯的闪电通信卫星，采用轨道倾角为 63.4° 的 HEO 轨道，远地点高度约为 40 000 km，可以实现对高纬度地区的覆盖；美国的部分军用数据中继卫星采用高椭圆轨道。

HEO 卫星在一个运行周期内会 4 次穿过范·艾伦辐射带，对卫星电子元器件的损害比较大。

2.2.4　按回归周期分类

由于地球的自转特性，卫星在围绕地球旋转一圈后，不一定会重复前一周期的轨迹。有的卫星轨道具有一定的回归周期，而有的卫星轨道是非回归的。回归周期是天体环绕轨道运动过程中从某假定的点开始，运行一周后重新回到假设点上所用的时间。对于卫星轨道而言，卫星在轨道上运行，星下点（详见 2.4 节）轨迹重叠出现的周期称为回归周期。星下点轨迹周期性出现重叠现象的卫星轨道称为回归轨道。

卫星轨道按回归周期分类，可以分为回归/准回归轨道以及非回归轨道。

回归/准回归轨道：卫星的星下点轨迹在 M 个恒星日，绕地球旋转 L 圈后重复的轨道。即卫星的星下点轨迹会周期性重复的轨道。M 和 L 都是整数。如果 $M=1$，则称为回归轨道，卫星在轨道上运行的周期为 $1/L$ 个恒星日。图 2-6 所示的轨道表示一个恒星日卫星绕地球旋转 3 圈后星下点轨迹重复。如果 $M>1$，则称为准回归轨道，卫星在轨道上运行的周期为 M/L 个恒星日。

卫星在回归/准回归轨道运行时，运行周期满足以下关系：

$$T_s = T_e \cdot \frac{M}{L} \text{ (s)} \tag{2.14}$$

式中，T_e 为地球自转周期，即 1 个恒星日；M 为地球自转圈数；L 为卫星运行圈数。

因此，当 M 和 L 确定后，1 个恒星日为 86 164 s，则卫星的运行周期就确定了。

由开普勒第三定律可以得到，如果是圆轨道卫星，当卫星运行周期确定后，由式（2.13）可以得知，卫星的轨道高度也就确定了。表 2-1 给出了部分回归/准回归轨道

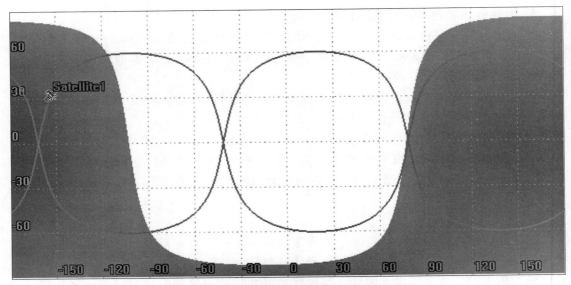

图 2 − 6 $M=1$，$L=3$ 的回归轨道示意图

的轨道参数（表中的卫星轨道均为圆轨道）。

表 2 − 1 部分回归/准回归轨道的轨道参数

轨道类型	M	L	卫星运行周期/s	轨道高度 h/km
回归轨道	1	1	86 164	35 786
	1	2	43 082	20 183.6
	1	3	28 721.3	13 892.3
	1	4	21 541	10 354.7
	1	5	17 232.8	8 041.8
准回归轨道	2	3	57 442.7	25 799.1
	2	5	34 465.6	16 512.1
	2	9	19 147.6	9 091.1
	3	4	64 623	28 427.6
	3	5	51 698	23 616.4
	3	8	32 311.5	15 548.1
	3	10	25 849.2	12 517.3

非回归轨道：星下点轨迹不重复的轨道，卫星运行的每个周期都会产生不同的星下点轨迹。

2.3 轨道参数

轨道参数是在人造卫星轨道理论中用来表述卫星轨道的形状、大小及其在空间的指向，以及确定任一时刻卫星的空间位置的一组参数。卫星的轨道参数与坐标系相关，有很多天体坐标系可以用于描述卫星的运动轨道，如日心坐标系、地心坐标系和近焦点坐标系等，一般使用以地心为坐标原点的地心坐标系。

地心坐标系以地心 O 为原点，x 轴和 y 轴确定的平面与赤道平面重合，x 轴指向春分点方向，z 轴与地球的自转轴重合，指向北极点，如图 2 – 7 所示。地心坐标系中的 x、y、z 轴构成一个右手坐标系。春分点是赤道平面和黄道的两个相交点之一。太阳相对地球从南向北移动，在春分那一天穿越这一交点。黄道是黄道面与天球相交的大圆。黄道面是地球围绕太阳的公转轨道所在的平面。由于其他行星等天体的引力对地球的影响，黄道面的空间位置有持续的不规则变化，但总是通过太阳中心。

图 2 – 7　轨道参数示意图

在地心坐标系中，可以通过不同的轨道参数确定卫星轨道的不同特性，从而确定卫星在轨道中的空间位置。卫星的轨道参数主要有三类：轨道大小与形状、轨道空间位置、卫星空间位置。

1. 轨道大小与形状

卫星轨道的大小与形状由半长轴和偏心率这两个参数决定。

第一个参数是半长轴 a，半长轴是椭圆轨道中心到远地点的距离，a 决定了卫星的轨道周期。

卫星轨道既可以是圆形，也可以是椭圆形。也就是说，轨道的扁平程度不同。

第二个参数是偏心率 e，偏心率是椭圆焦点离开椭圆中心的比例，即椭圆半焦距 c 和半长轴 a 的比值。

①e 越大，轨道越扁，$0 \leqslant e < 1$，但是偏心率 e 不能等于 1，等于 1 为抛物线。

②e 可以等于 0，$e = 0$ 时，卫星轨道为圆轨道。

由半长轴 a 和偏心率 e 可以确定卫星轨道的大小和形状，但是卫星轨道平面可以是水平的，也可以是倾斜的，具有不同的轨道倾斜度，还需要其他参数才能确定轨道平面。

2. 轨道空间位置

轨道的倾斜度可以通过第三个参数——轨道倾角 i 来确定。倾角不同，轨道的空间位置也各不相同。

轨道倾角 i 在 $0° \sim 180°$ 之间，即 $0° \leqslant i < 180°$。

卫星轨道倾角确定后，轨道面仍然不能唯一确定。假设卫星轨道倾角为 90°，垂直于赤道平面，此时卫星轨道面还是有多条不同的卫星轨道。还需要第四个参数——升交点赤经来确定轨道平面。

升交点（the Ascending Node）是指卫星从南到北穿过赤道面的点，如图 2-7 所示。

升交点赤经（Right Ascension of the Ascending Node，RAAN）是春分点方向到轨道升交点方向的夹角。

升交点赤经 Ω 为 0°~360°之间，轨道倾角 i 和升交点赤经 Ω 确定后，可以唯一确定卫星的轨道平面。但是在同一个轨道平面内，仍然有多条不同的卫星轨道。

比如某卫星轨道，半长轴 a 为 8 878.14 km，偏心率 e 为 0.1，倾角 i 为 45°，升交点赤经 Ω 为 0°时，可以有多条卫星轨道，如图 2-8 所示。

图 2-8　轨道平面确定后的不同卫星轨道

第五个参数是近地点幅角 w。图 2-8 中，在相同的半长轴、偏心率、倾角及升交点赤经条件下，近地点幅角 w 分别为 0°、45°、90°时的卫星轨道各不相同。因此，轨道平面确定后，还需要近地点幅角 w 确定轨道的方位。

近地点幅角是从升交点到地心的连线与卫星近地点和地心连线的夹角，如图 2-7 所示。

3. 卫星的空间位置

半长轴、偏心率、倾角、升交点赤经及近地点幅角五个参数确定后，卫星的轨道就可以确定了。但是，卫星在轨道上的位置没有确定，卫星可以在轨道的任何位置。这需要第六个参数——真近点角 v，来确定卫星的空间位置。

真近点角是地球中心测得的从近地点到卫星位置的角度。真近点角 v 为 0°~360°之间。

通过这些参数，卫星在空间的位置也就唯一确定了，这六个参数通常称为轨道六要素。其中，半长轴 a 和偏心率 e 确定了轨道的大小和形状，倾角 i 和升交点赤经 Ω、近地点幅角 w 确定了轨道的空间位置，真近点角 v 确定了卫星在轨道的空间位置。

2.4　卫星的星下点

卫星沿着轨道运行，通过星下点轨迹实现卫星对地球的定位。星下点是指卫星与地心连线和地球表面的交点。

星下点随时间在地球表面上的变化路径称为星下点轨迹。星下点轨迹能够直接描述卫星相对地面的运动规律。卫星在轨道上绕着地球运行，与此同时，地球又在自西向东自转，因此，卫星运行一个周期后，星下点一般不会再重复前一个周期的运行轨迹，即星下点轨迹不重复，也就是 2.2.4 节中提到的非回归轨道。但是在满足一定的条件时，卫星的星下点轨迹可以周期性重复，即回归/准回归轨道。

2.4.1　星下点经纬度计算

在轨道上运行的卫星可以通过星下点的经度和纬度进行定位。卫星星下点的经度和纬度可以用 (λ_s, θ_s) 来表示，其中，λ_s 表示星下点的经度；θ_s 表示星下点的纬度。

卫星在任意时刻 t 时星下点的经度和纬度可以通过式（2.15）进行计算：

$$\lambda_s(t) = \lambda_0 + \arctan(\cos i \cdot \tan\theta) - w_e t \pm \begin{cases} -180° & (-180° \leqslant \theta < -90°) \\ 0° & (-90° \leqslant \theta \leqslant 90°) \\ 180° & (90° < \theta \leqslant 180°) \end{cases} \quad (2.15)$$

$$\theta_s(t) = \arcsin(\sin i \cdot \sin\theta)$$

式中，λ_0 表示卫星轨道的升交点经度；i 表示卫星轨道倾角；w_e 表示地球自转角速度；t 表示卫星运行时刻；± 表示卫星轨道为顺行轨道或逆行轨道；θ 表示 t 时刻卫星在轨道平面内相对于升交点的角度，如图 2 – 9 所示。

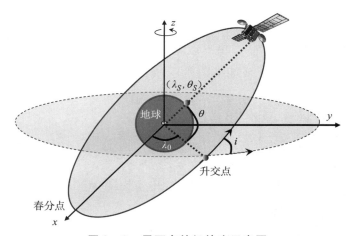

图 2 – 9　星下点的经纬度示意图

随着卫星在轨道上的运行，θ 变化使得星下点的经纬度变化。

由式（2.15）可以得到，星下点的经度与升交点经度 λ_0、轨道倾角 i、地球自转角速度 w_e 及 θ 有关。卫星在轨道上运行时，星下点的经度受地球自转的影响，一般情况下，卫星在轨道上同一位置，不同的运行周期会产生不同的星下点经度，如图 2 – 10 所示。卫星在轨道上相同的起始位置，但是由于地球的自转，卫星在第一个运行周期和第二个运行周期分别产生两个不同的星下点 A_1 和 A_2。这两个星下点的经度分别为 –134° 和 –165°。

由式（2.15）可以看出，星下点的纬度与轨道倾角 i 及 θ 有关，而与地球自转角速

度 w_e 无关。因此，卫星在轨道上相同的位置，由于地球的自转，使得星下点的经度不同，但纬度相同，如图 2-10 所示。

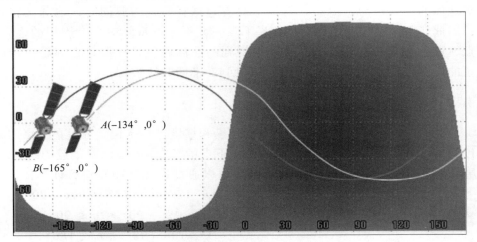

图 2-10　轨道上相同位置的卫星产生不同的星下点示意图

随着卫星在轨道上的运行，角度 θ 的变化范围为 $0° \sim 360°$，因此，$\sin\theta$ 取值最大为 1，$\sin\theta \leqslant 1$。

当轨道倾角 $i \leqslant 90°$ 时，$\theta_s(t) \leqslant i$。

当轨道倾角 $i > 90°$ 时，$\theta_s(t) \leqslant 180° - i$。

轨道倾角越大，星下点轨迹的纬度变化范围越大，比如，在相同的轨道高度、偏心率等条件下，倾角为 45° 和 15° 时，星下点轨迹如图 2-11 所示。由图可以看出，轨道倾角为 45° 的星下点轨迹的纬度变化范围更大。

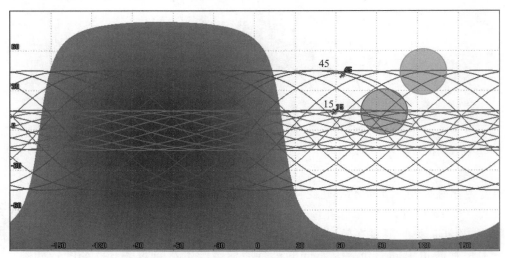

图 2-11　其他轨道参数相同时，不同轨道倾角卫星的星下点轨迹

对于两颗通信卫星覆盖范围相同，轨道倾角大的卫星，其星下点的纬度变化范围大，从而卫星能够覆盖更大的纬度范围，如图 2-11 所示。因此，通信卫星要实现对高纬度地区的覆盖，需要倾角较大的卫星轨道。比如铱星系统，采用近极轨道，轨道倾角大，从而能够实现包含南北两极在内的全球覆盖。

2.4.2 星下点轨迹的特点

1. 星下点轨迹自东向西排列

卫星沿轨道运行在地球表面产生的星下点轨迹随着地球自西向东的自转而向东转动，卫星运行一个周期后回到轨道上同一位置时，其星下点的经度一般情况下会在上一周期时星下点的西侧。地球自西向东的自转导致星下点轨迹会自东向西排列。也就是说，卫星运行一圈后，星下点一般不会再重复前一圈的运行轨迹（回归/准回归轨道除外）。

2. 圆轨道卫星相邻星下点轨迹的间隔与轨道高度有关

一般情况下，卫星在轨道上每运行一个周期，会产生一条星下点轨迹，卫星运行 N 个周期后，会在地球表面自东向西产生 N 条星下点轨迹。这 N 条星下点轨迹均匀地排列在地球表面，相邻星下点轨迹的间隔与每日产生的星下点轨迹条数 P 有关。

一个恒星日地球表面排列 P 条星下点轨迹，因此，相邻星下点轨迹的间隔可以大概表示为 $2\pi r_E / P$。P 表示每个恒星日卫星产生的星下点轨迹数目，也就是每个恒星日卫星绕地球运行 P 圈；r_E 为地球半径。

卫星每日绕地球的圈数 P 与卫星的运行周期有关，可以表示为：

$$P = \frac{1 \text{ 恒星日}}{T_s} = \frac{86\ 164}{T_s}$$

式中，T_s 为卫星运行周期。

圆轨道卫星的运行周期为：

$$T = 2\pi \sqrt{\frac{(h + r_E)^3}{\mu}} \ (\text{s})$$

因此，圆轨道卫星相邻星下点轨迹的间隔大概可以表示为：

$$\frac{2\pi r_E \cdot T_s}{86\ 164}$$

对于低轨道卫星而言，轨道高度在 500 ~ 2 000 km 之间，卫星的运行周期大约在 5 677 ~ 7 632 s 之间，卫星在轨道上每日运行圈数为 11.3 ~ 15.2，因此相邻星下点轨迹间隔约为 2 600 ~ 3 500 km，见表 2 - 2。

表 2 - 2　部分圆轨道卫星的相邻星下点轨迹间隔

轨道高度/km	运行周期/s	圈/日	相邻轨迹间隔/km
500	5 677	15.2	2 600
2 000	7 632	11.3	3 500

3. 重复星下点轨迹

卫星在轨道上运行，在满足一定的条件时，卫星会产生重复的星下点轨迹，也就是 2.2.4 节讲到的回归/准回归轨道。回归/准回归轨道是卫星在 M 个恒星日，绕地球旋转 L 圈后重复的轨道。重复的星下点轨迹需要满足卫星在轨道上运行 L 圈的时间与地球自转 M 圈的时间相等。

1 恒星日为 23 h 56 min 4 s，即 86 164 s。

因此，卫星的运行周期满足条件 $T_s = 86\ 164 \times \dfrac{M}{L}$ (s)，就可以产生重复的星下点轨迹。

对于圆轨道卫星而言，卫星的运行周期与轨道高度有关，因此，可以根据条件计算得到卫星的轨道高度。比如，某卫星在轨道上运行产生了 1 个恒星日绕地球 8 圈后重复的星下点轨迹，即 $M = 1$，$L = 8$，由此得到，卫星的运行周期约为 28 720.8 s。

根据卫星运行周期的计算式：

$$T = 2\pi \sqrt{\dfrac{(r_e + h)^3}{\mu}} \text{ (s)}$$

可以得到，轨道高度约为 4 182 km，只要满足这个条件，就可以产生 1 个恒星日绕地球 8 圈后重复的星下点轨迹。

4. 地球同步轨道卫星星下点轨迹

地球同步轨道是一种特殊的回归轨道，1 个恒星日卫星绕地球 1 圈，即卫星的运行周期与地球自转周期相同，与地球同步，也就是 1 个恒星日会产生一条星下点轨迹。

地球同步轨道卫星运行周期为 86 164 s，由式（2.13）可以得到，卫星的轨道高度约为 35 786 km。地球同步轨道卫星的星下点轨迹更为特殊，是一个封闭的"8"字形，如图 2 – 12 所示。图 2 – 12 中，左侧显示了两颗地球同步轨道卫星的星下点轨迹，卫星的轨道倾角分别为 40° 和 20°。

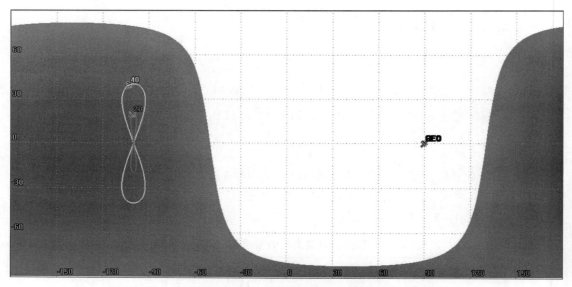

图 2 – 12　地球同步轨道卫星和地球静止轨道卫星的星下点轨迹

轨道倾角决定了星下点纬度的变化范围，因此，地球同步轨道的倾角越大，"8"字形越大；反之，轨道倾角越小，"8"字形越小。当轨道倾角为 0° 时，星下点轨迹即为一个点，而轨道倾角为 0° 的地球同步轨道就是地球静止轨道，因此，地球静止轨道卫星的星下点轨迹是一个点，如图 2 – 12 所示。地球静止轨道卫星可以通过星下点经度对卫星进行定位。图 2 – 12 中右侧显示了两颗地球静止轨道卫星的星下点轨迹，卫星的星下点经度分别为 92°E 和 134°E。

2.5　卫星轨道与 STK 仿真

2.5.1　常见卫星轨道仿真

卫星轨道按照不同的分类方法，有不同类型的轨道，常见的卫星轨道如地球静止轨道、圆轨道、椭圆轨道等。利用 STK 仿真软件可以直观地显示不同卫星轨道，STK 可以通过不同方法来插入不同轨道的卫星，可以通过菜单栏、工具栏利用轨道生成向导插入不同轨道的卫星，如图 2 - 13 所示。

图 2 - 13　STK 插入新对象界面

仿真场景中涉及卫星轨道的主要参数见表 2 - 3，后续仿真中根据需要会对参数进行一定的调整，具体按照实际需要修改。

表 2 - 3　仿真场景中主要通信卫星参数

卫星类型	轨道生成向导类型选择	轨道高度/km	轨道倾角/(°)
地球静止轨道卫星	Geosynchronous	35 786	0
低轨道卫星	Circular	1 000	45
中轨道卫星	Circular	10 500	15/45/80

1. 地球静止轨道卫星仿真

地球静止轨道卫星的多个轨道参数都是确定的，偏心率为 0，轨道倾角为 0°，轨道高度约为 35 786 km，利用轨道生成向导可以生成一颗静止轨道卫星。

打开 STK 仿真软件后，新建场景，在场景中利用菜单栏的"Insert"→"New"，如图 2 - 13 所示，弹出"Insert STK Objects"对话框，如图 2 - 14 所示。在"Insert STK Objects"→"Select An Object To Be Inserted"中选择"Satellite"，在右侧的"Select A Method"中选择"Orbit Wizard"后单击下方的"Insert"按钮，如图 2 - 14 所示。弹出"Orbit Wizard"（轨道生成向导）框图，如图 2 - 15 所示。

在"Orbit Wizard"窗口中，"Type"可以选择典型的卫星轨道，主要包括"Circular"

图 2 – 14　"Insert STK Objects"界面

图 2 – 15　圆轨道卫星的轨道生成向导界面

"Critically Inclined""Sun Sync""Geosynchronous""Molniya""Orbit Designer""Repeating Ground Trace""Repeat Sun Sync""Sun Synchronous"。选择相应的卫星轨道后，会在窗口的左下方显示轨道参数，右下方显示所选择的卫星轨道的星下点轨迹。在右上方"Graphics"下可以修改星下点轨迹的"Color"和"3D Model"。

　　选择"Circular"（圆轨道），则会显示"Inclination"（倾角）"Altitude"（高度）

"RAAN"（升交点赤经），可以通过修改参数来改变卫星轨道。由于选择了圆轨道，卫星轨道的偏心率为 0。选择"Orbit Designer"时，则"Orbital Elements"中会显示轨道六要素，包括"Semimajor Axis""Eccentricity""Inclination""Argument of Perigee""RAAN""True Anomaly"。

选择"Geosynchronous"（地球同步轨道），则只显示"Subsatellite Point"（星下点）和"Inclination"（倾角）。轨道倾角为 0°时，则卫星轨道为地球静止轨道，星下点轨迹为一个点。轨道倾角不为 0°时，则卫星轨道为地球同步轨道，星下点轨迹为封闭的"8"字形。选择"Geosynchronous"后，修改"Satellite Name"为 GEO，"Subsatellite Point"为东经 100°，"Inclination"为 0°，单击"OK"按钮，即可插入一颗地球静止轨道通信卫星。

由于地球静止轨道卫星相对地球静止，因此可以通过星下点的经度对卫星定位，修改卫星星下点的经度，可以改变卫星在轨道上的位置。星下点经度正数表示是东经，负数表示是西经。

2. 圆轨道卫星仿真

圆轨道卫星的偏心率为 0，轨道高度、轨道倾角等参数并不确定，因此，在生成卫星轨道时需要进行设置。

圆轨道卫星的仿真利用工具栏直接插入，如图 2-16 所示。在工具栏中单击虚线框中"Insert Default Object"右侧下拉倒三角▼，选择"卫星" 后，单击"Insert"按钮后进入轨道生成向导界面，选择"Circular"（圆轨道），修改卫星的轨道倾角（Inclination）、轨道高度（Altitude）和升交点赤经（RAAN），如图 2-15 所示，默认值分别为 45°、500 km、0°。表示卫星轨道倾角为 45°，卫星到地球表面的距离为 500 km，初始相位为 0°。圆轨道卫星到地心的距离保持不变，理论上等于轨道高度加上地球半径；升交点赤经 RAAN 为 0°，单击"OK"按钮后生成一颗圆轨道卫星。

图 2-16 工具栏插入卫星界面

参照表 2-3 仿真场景中卫星的主要参数，将轨道生成向导界面中的轨道高度（Altitude）改为 1 000 km，这是一颗低轨道卫星；轨道倾角为 45°，是顺行倾斜轨道卫星。利用相同的方法将卫星轨道高度设置为 10 500 km，则会产生一颗中轨道卫星。将轨道倾角设置为 90°，则可以产生一颗极轨道卫星。

2.5.2 轨道参数仿真

卫星轨道有不同的形状、大小和空间位置等，可以通过修改六个轨道参数来改变卫星轨道。在"Object Browser"中选择卫星名称后，双击打开"Properties"。

"Properties"窗口包括"Basic""2D Graphics""3D Graphics""Constraints"四个方面的内容，选择"Basic"→"Orbit"，会显示"Propagator""Interval""Step Size"等信息，以及轨道六要素，如图 2 – 17 所示。

图 2 – 17　轨道六要素界面

1. 轨道大小与形状参数的仿真

卫星轨道的大小与形状可以通过两个轨道参数来确定，这两个参数之间是相互关联的，前面讲过轨道大小与形状可以通过半长轴和偏心率来确定，这是确定轨道大小与形状的第一组参数：第一个参数是半长轴（Semimajor Axis），第二个参数一定是偏心率（Eccentricity），如图 2 – 18 所示。

轨道大小与形状可以通过五组参数来确定。单击"Semimajor Axis"右侧的▼按钮，可以列出其他几个参数，如图 2 – 18 所示。

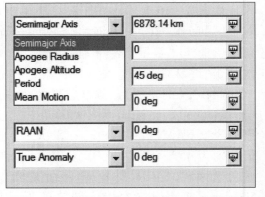

图 2 – 18　卫星轨道大小的第一个参数列表

第一个参数可以是半长轴"Semimajor Axis"、远地点半径"Apogee Radius"、远地点高度"Apogee Altitude"、周期"Period"及每日轨道圈数"Mean Motion"。在这些参数中，第一个参数选定之后，第二个参数也会相应地被确定，如图 2 – 19 所示。第一个参数和第二个参数的对应关系见表 2 – 4。

（1）第一组参数

第一组参数：半长轴（Semimajor Axis）与偏心率（Eccentricity），如图 2 – 19 所示。单击右侧的 按钮可以更改参数的单位。

图 2 - 19　半长轴与偏心率参数设置

表 2 - 4　确定轨道大小与形状的两个参数

组号	第一组参数	第二组参数
1	半长轴（Semimajor Axis）	偏心率（Eccentricity）
2	远地点半径（Apogee Radius）	近地点半径（Perigee Radius）
3	远地点高度（Apogee Altitude）	近地点高度（Perigee Altitude）
4	周期（Period）	偏心率（Eccentricity）
5	每日轨道圈数（Mean Motion）	偏心率（Eccentricity）

图 2 - 19（a）中卫星 S1 的半长轴和偏心率两个参数分别为：

①半长轴 a 为 16 878.1 km；

②偏心率 e 为 0。

卫星 S1 运行在半长轴为 16 878.1 km，偏心率为 0 的轨道上，因此，卫星 S1 是一颗圆轨道卫星，如图 2 - 20 中的卫星 S1 所在的轨道，该卫星的轨道参数与表 2 - 3 中的中轨道卫星基本一致。半长轴为 16 878.1 km 时，对圆轨道卫星而言，轨道高度约为 10 500 km。

选中卫星 S1 后，单击右键，选择 "Copy"。选择场景后，单击右键，选择 "Paste" 即可复制卫星 S1 及所在轨道。选中复制后的卫星，单击右键，选择 "Rename"，将卫星重命名为 S2。

修改半长轴 a 可以改变轨道大小，将卫星 S2 的轨道半长轴 a 减少 6 000 km，修改为 10 878.14 km，偏心率为 0 保持不变，如图 2 - 19（b）所示，则卫星轨道为卫星 S2 的轨道，如图 2 - 20 中卫星 S2 所在轨道所示。

修改偏心率 e 可以改变轨道形状，复制卫星 S1，将复制后的卫星重新命名为 S3，将卫星 S3 的偏心率由 0 修改为 0.6，半长轴保持 16 878.1 km 时的卫星轨道参数，如图 2 - 19（c）所示。则卫星轨道为卫星 S3 的轨道，如图 2 - 20 中卫星 S3 所在轨道所示。

（2）第二组参数

第二组参数：远地点半径（Apogee Radius）和近地点半径（Perigee Radius），如图 2 - 21 所示。

图 2 - 20　修改半长轴和偏心率前后卫星轨道的三维示意图

| Apogee Radius | ▼ | 16878.1 km | 🖳 |
| Perigee Radius | ▼ | 16878.1 km | 🖳 |

（a）

| Apogee Radius | ▼ | 21878.1 km | 🖳 |
| Perigee Radius | ▼ | 16878.1 km | 🖳 |

（b）

图 2 - 21　远地点半径与近地点半径参数设置

①远地点半径 $r_{max} = a + c = a(1 + e)$。卫星 S1 为圆轨道，偏心率 $e = 0$，因此 $r_{max} = a$，远地点半径为 16 878.1 km。

②近地点半径 $r_{min} = a - c = a(1 - e)$，卫星 S1 的近地点半径为 16 878.1 km。

当卫星轨道的半长轴为 16 878.1 km，偏心率为 0 时，则远地点半径和近地点半径相等，均为 16 878.1 km，如图 2 - 21（a）所示。

当远地点半径与近地点半径相等时，则卫星轨道为圆轨道；当修改远地点半径和近地点半径不相等时，则卫星轨道为椭圆轨道。复制卫星 S1 后，将卫星重新命名为 S4，将卫星 S4 的远地点半径增加 5 000 km，近地点半径保持不变时的卫星轨道参数如图 2 - 21（b）所示。此时的卫星轨道为卫星 S4 的轨道，如图 2 - 22 中卫星 S4 所在轨道所示。

图 2 - 22　修改远地点半径前后卫星轨道的三维示意图

远地点半径从 16 878.1 km 修改为 21 878.1 km，即

$$r_{max} = a + c = 21\ 878.1$$

近地点半径保持 16 878.1 km 不变，即

$$r_{min} = a - c = 16\ 878.1$$

由此可以计算得到，改变远地点半径后的卫星轨道半长轴 $a = 19\ 378.1$ km，偏心率 $e \approx 0.129$，因此卫星轨道从 S1 的圆轨道变成 S4 的椭圆轨道。

由开普勒第二定律 $v = \sqrt{\mu\left(\dfrac{2}{r} - \dfrac{1}{a}\right)}$（km/s），可以得到卫星 S1 和 S4 在轨道上的运动速度。

远地点半径修改前，卫星 S1 在圆轨道上运行，卫星到地心的距离 r 等于半长轴 a，因此卫星在轨道上匀速运动，卫星 S1 的运动速度可以通过下面的式计算：

$$v_1 = \sqrt{\frac{\mu}{r}}\ (\text{km/s})$$

由此可以得到，卫星 S1 在轨道上的运行速度约为 4.86 km/s。

远地点半径修改后，卫星 S4 在远地点时到地心的距离增加到 21 878.1 km，半长轴 a 为 19 378.1 km。

卫星 S4 在远地点时的运行速度为 $v_4 = \sqrt{\mu\left(\dfrac{2}{r_{max}} - \dfrac{1}{a}\right)}$（km/s），约为 3.58 km/s。

近地点半径保持不变，即卫星 S4 在近地点时到地心的距离没有变化，但是由于半长轴 a 发生改变，因此卫星 S4 在近地点的运行速度也发生了变化，运行速度约为 5.16 km/s。

此外，由于远地点半径的改变，使得半长轴 a 发生变化，由开普勒第三定律可以得到，卫星在轨道上的运行周期也会发生变化。因此，图 2 - 22 中所示的卫星 S1 和卫星 S4 在轨道上运行时，起始位置相同，但是二者在轨道上的运行周期不同。卫星 S4 的运行周期要大于卫星 S1 的运行周期。

（3）第三组参数

第三组参数：远地点高度（Apogee Altitude）和近地点高度（Perigee Altitude），如图 2 - 23 所示。

图 2 - 23　远地点高度与近地点高度参数设置

①远地点高度为远地点半径减去地球半径，r_E 是地球半径，约为 6 378 km。卫星 S1 的远地点高度约为 10 500 km。

②近地点高度为近地点半径减去地球半径。卫星 S1 的近地点高度约为 10 500 km。

当卫星轨道的半长轴为 16 878.1 km，偏心率为 0 时，则远地点高度和近地点高度相等，均为 10 500 km，如图 2 - 23（a）所示。将远地点高度增加 5 000 km，近地点半径保持不变时的卫星轨道参数如图 2 - 23（b）所示。此时的卫星轨道与卫星 S4 的轨道

完全一致，如图 2－22 中卫星 S4 所在轨道所示。

对于圆轨道卫星，远地点高度等于近地点高度，也等于卫星到地球表面的距离，即卫星的轨道高度，轨道高度约为 10 500 km，因此，这颗卫星是中轨道卫星。当修改远地点高度或者近地点高度使二者不相等时，则卫星轨道为椭圆形。

（4）第四组参数

第四组参数：周期（Period）和偏心率（Eccentricity），如图 2－24 所示。

（a）　　　　　　　　　　　　　　　（b）

图 2－24　周期与偏心率参数设置

①卫星 S1 的轨道半长轴为 16 878.1 km，$T \approx 21\ 822.2$ s；

②偏心率 e 为 0。

当卫星轨道的半长轴为 16 878.1 km，偏心率为 0 时，则卫星在轨道上的运行周期约为 21 822.2 s，偏心率为 0，如图 2－24（a）所示。将卫星运行周期减少 10 000 s，偏心率保持不变时的卫星轨道参数如图 2－24（b）所示。此时的卫星轨道为卫星 S5 的轨道，如图 2－25 中卫星 S5 所在轨道。

图 2－25　修改运行周期前后卫星轨道的三维示意图

运行周期与轨道半长轴 a 有关，周期减少，则半长轴减小，偏心率不变，则卫星轨道仍然是圆轨道。修改偏心率后，会影响卫星轨道的扁平程度，但不会影响卫星的运行周期。

（5）第五组参数

第五组参数：每日轨道圈数（Mean Motion）和偏心率（Eccentricity），如图 2－26 所示。每日轨道圈数与运行周期 T 有关，是每个恒星日卫星绕地球运行的圈数。

①卫星 S1 的轨道半长轴为 16 878.1 km，每日轨道圈数约为 3.96 圈；

②偏心率 e 为 0。

（a）　　　　　　　　　　　　　　（b）

图 2 - 26　每日轨道圈数与偏心率参数设置

　　当卫星轨道的半长轴为 16 878.1 km，偏心率为 0 时，则 1 个恒星日卫星在轨道上的运行圈数为 3.96，如图 2 - 26（a）所示。将卫星每日轨道圈数增加 5，偏心率保持不变时的卫星轨道参数如图 2 - 26（b）所示。

　　每日轨道圈数增加意味着卫星的运行周期减小，进而半长轴 a 也相应地减小。卫星在轨道上每运行一个周期，就会产生一条星下点轨迹，每日轨道圈数为 3.96 时，意味着每个恒星日会产生将近 4 条星下点轨迹；当增加每日轨道圈数时，则卫星星下点轨迹的数量会增加到将近 9 条。每日轨道圈数越多，则星下点轨迹越多，相应地，相邻轨迹间隔会越小。

2. 轨道空间位置参数的仿真

　　卫星的轨道大小与形状通过前面几组参数确定后，轨道的空间位置还不能确定。轨道空间位置可以通过三个轨道参数来确定，分别为轨道倾角（Inclination）、近地点幅角（Argument of Perigee）和升交点赤经（Right Ascension of the Ascending Node，RAAN），如图 2 - 27 所示。

图 2 - 27　轨道空间位置参数的示意图

　　（1）轨道倾角（Inclination）

　　轨道倾角 i 是轨道平面与赤道平面间的夹角。当半长轴为 16 878.1 km，偏心率为 0，轨道倾角为 45°时，卫星轨道如图 2 - 28 中卫星 S1 所在轨道所示。轨道倾角分别修改为 15°和 80°（图 2 - 27 中的 "Inclination"），得到卫星 S6 和卫星 S7 所在的轨道，如图 2 - 28 所示。

　　图 2 - 28 中，卫星 S1 的轨道与图 2 - 20 中卫星 S1 的轨道所有轨道参数完全一致，只是视角不同。图 2 - 20 中的视角便于对比分析半长轴和偏心率等参数，而图 2 - 28 中的

视角便于分析轨道倾角的不同。按住鼠标左键后，上下左右拖动鼠标可以改变轨道视角。

（2）近地点幅角（Argument of Perigee）

近地点幅角影响了椭圆轨道近地点的位置。当半长轴为 16 878.1 km，偏心率为 0.6，轨道倾角为 45°，近地点幅角为 0°时，卫星轨道如图 2 - 29 中卫星 S3 所在轨道所示。卫星 S3 与图 2 - 20 中的卫星 3 轨道参数完全一致，视角不同。近地点幅角分别修改为 100° 和 200°（图 2 - 27 中的 "Argument of Perigee"），得到卫星 S8 和卫星 S9 所在的轨道，如图 2 - 29 所示。通过修改近地点幅角轨道的近地点，从而产生不同的卫星轨道。

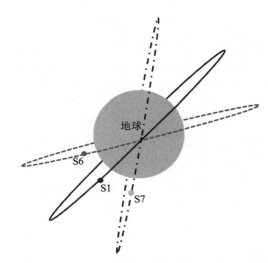

图 2 - 28　修改轨道倾角前后卫星
轨道的三维示意图

图 2 - 29　修改近地点幅角前后卫星
轨道的三维示意图

（3）升交点赤经（RAAN）

升交点赤经决定了轨道的空间位置。当半长轴为 16 878.1 km，偏心率为 0，轨道倾角为 45°，近地点幅角为 0°，升交点赤经为 0°时，卫星轨道如图 2 - 30 中卫星 S1 所在轨道所示。

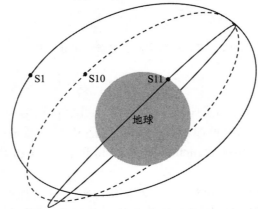

图 2 - 30　修改升交点赤经前后卫星轨道的三维示意图

卫星 S1 所在的轨道与图 2 - 20 和图 2 - 28 中的卫星 S1 轨道参数完全一致，视角不同。升交点赤经分别修改为 30° 和 60° （图 2 - 27 中的 "RAAN"），得到卫星 S10 和 S11 所在的轨道，如图 2 - 30 所示。

3. 卫星空间位置参数的仿真

轨道大小与形状、轨道空间位置确定后，需要通过真近点角确定卫星在轨道的空间位置。以卫星 S1 所在的轨道为例，轨道参数见表 2 - 5。卫星 S12 与卫星 S1 在同一轨道上，但是真近点角不同，将卫星 S12 的真近点角修改为 100° （图 2 - 27 中的 "True Anomaly"），得到卫星 S12，如图 2 - 31 所示。

表 2 - 5　卫星 S1 的轨道参数

参数	数值
半长轴（Semimajor Axis）/km	16 878.1
偏心率（Eccentricity）	0
倾角（Inclination）/(°)	45
近地点幅角（Argument of Perigee）/(°)	0
升交点赤经（RAAN）/(°)	0
真近点角（True Anomaly）/(°)	0

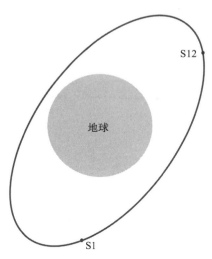

图 2 - 31　修改真近点角前后卫星轨道的三维示意图

2.5.3　星下点轨迹的仿真

1. 星下点轨迹的修改

卫星在不同轨道上运行时，会产生不同的星下点轨迹，在 STK 仿真软件中，可以对星下点轨迹进行修改。选中卫星 S1 后，单击右键，选择 "Properties"，打开 "Properties" 窗口，选择 "2D Graphics"。单击 "Attributes" 后，可以修改星下点轨迹的 "Color" "Line Style" "Line Width" "Marker Style" 等。

当仿真时间较长时，会在二维场景中产生很多的星下点轨迹，星下点轨迹较为密集，如图 2-32 所示，此时不便于开展相关性能的仿真分析。当仿真时间不长，但是场景中卫星数目较多时，也会产生多条星下点轨迹，此时星下点轨迹较为混乱，很难对各卫星的星下点轨迹开展分析。在 STK 中，通过修改星下点轨迹的"Pass"，可以选择不同的显示方式。

图 2-32　仿真时间较长时卫星 S1 的星下点轨迹

选择卫星 S1 后，单击右键，选择"Properties"，在"Properties"窗口中选择"2D Graphics"→"Pass"，如图 2-33 所示，包括"Passes""Leading/Trailing"和"Ground Track Central Body Display"选项区。

图 2-33　"2D Graphics Pass"对话框

"Visible Sides"中可以通过下拉列表选择显示不同阶段的星下点轨迹,包括"Ascending""Descending""Both""None"。当选择"Ascending"时,星下点轨迹仅显示上升段的轨迹。

2. 星下点轨迹的仿真分析

(1)星下点轨迹自东向西排列

由于地球自西向东的自转,使得星下点轨迹会自东向西排列,利用 STK 可以很好地展示星下点轨迹的这一特性。

选择卫星 S1 后,单击右键,选择"Properties"→"2D Graphics"→"Pass"→"Leading/Trailing"→"Ground Track"→"Lead Type",可以选择显示不同类型,如"None""One Pass""Half""All"等。

当选择"One Pass"时,星下点轨迹仅显示当前运行周期的轨迹,如图 2 - 34 所示。该周期结束后,会显示下一周期的星下点轨迹,此时可以观察星下点轨迹自东向西排列的情形。

图 2 - 34　选择"One Pass"时的星下点轨迹

(2)卫星星下点的经纬度

由 2.4.1 节可知,卫星星下点的经纬度与升交点经度 λ_0、轨道倾角 i、地球自转角速度 w_e 等参数有关,星下点的经纬度计算较为复杂,但是利用 STK 可以直接得到卫星在任意时刻的星下点经纬度,选择二维场景,将鼠标置于卫星所在位置,即可在下方显示相应点的经度和纬度信息，如图 2 – 34 所示。卫星 S1 当前时刻的经纬度为 (41.498 56， –89.436 07)。

（3）圆轨道卫星相邻星下点轨迹的间隔与轨道高度有关

为了在 STK 中清楚地显示相邻星下点轨迹的间隔，可以参照前面介绍的显示"Ascending"时的星下点轨迹。同时，需要显示所有的星下点轨迹，因此选择"Properties"→"2D Graphics"→"Pass"→"Leading/Trailing"→"Ground Track"→"Lead Type"→"All"。此时会显示整个仿真时间内上升期的星下点轨迹。卫星 S1 的星下点轨迹如图 2 – 35 所示。

图 2 – 35　不同轨道高度卫星相邻的星下点轨迹间隔示意图

新建一颗圆轨道卫星 S13，轨道高度为 2 000 km，显示整个仿真时间内上升期的星下点轨迹，如图 2 – 35 所示。卫星 S1 的轨道高度为 10 500 km，高于卫星 S13 的轨道高度，相应地，卫星 S1 相邻的星下点轨迹间隔要大于卫星 S13 相邻的星下点轨迹间隔。图 2 – 35 中，卫星 S1 和卫星 S13 的仿真时间均为一天，轨道高度越高，卫星的运行周期越大，则一个恒星日产生的星下点轨迹数越少，因此卫星 S1 的星下点轨迹将近 4 条，而卫星 S13 的星下点轨迹约 11 条，这些星下点轨迹排列在赤道上，因此，卫星 S1 相邻星下点轨迹的间隔要大。

习　题

1. 卫星在轨道上运行满足开普勒三定律，请对其进行简要阐述。

2. 铱星系统中，卫星的轨道高度约为 780 km，试计算卫星在轨道上的速度。

3. 某日我国"天和"核心舱轨道高度约为 394.5 km，试计算其绕地球一圈需要多长时间。

4. 卫星轨道有哪些分类？简要举例说明。

5. 卫星轨道按照倾角分，有哪些类型？举例说明相应的典型卫星。

6. 地球同步轨道和地球静止轨道的异同点有哪些?

7. 卫星轨道的主要参数有哪些? 对卫星轨道有何影响?

8. 什么是卫星的星下点? 如何进行计算? 和哪些参数有关?

9. 卫星的星下点轨迹有哪些特点?

10. 全球星系统的轨道高度约为 1 414 km, 试计算全球星两条相邻星下点轨迹的间隔。

11. 假设某中轨道卫星轨道高度约为 10 355 km, 试计算卫星每个恒星日绕地球多少圈。

12. 利用 STK 仿真椭圆轨道, 并观察卫星在轨道上的运动规律。

第3章

地　球　站

卫星通信地球站是应用于卫星通信的微波无线电收发站，用户通过它们接入卫星线路，进行通信。卫星通信地球站主要实现用户业务的接入、调制解调及无线信号的发射与接收等功能，其主要业务包括电话、电报、传真、电视和数据传输等。本章主要介绍地球站的分类、组网及选址和布局，阐述了天线分系统、发射分系统、接收分系统、通信控制分系统、信道终端设备分系统和电源分系统等地球站的组成部分，结合 STK 仿真固定地球站、移动地球站及地球站天线。

3.1　概述

3.1.1　地球站分类

地球站的分类方法有很多种，可以按照安装方式、传输信号的特征、天线口径尺寸和设备规模、地球站用途以及业务性质进行分类。

按地球站安装方式，可分为固定地球站、移动地球站和可搬运地球站。固定地球站是建成后站址不变的地球站；移动地球站是在移动中通过卫星完成通信的地球站，站址能移动，如车载站、船载站、机载站等；可搬运地球站是在短时间内能拆卸转移，强调地球站的便携性，能够快速启动卫星通信的地球站。

按传输信号的特征，可分为模拟站和数字站。

按天线口径尺寸和设备规模，可分为大型站、中型站、小型站和微型站。大型站天线的口径一般为 11 ~ 30 m，天线具有 G/T 值高、通信容量大、价格高昂等特点。中型站天线的口径一般为 5 ~ 10 m，天线的 G/T 值较大型站的低，相应的体积重量及成本均没有大型站的高。小型站天线的口径一般为 3.5 ~ 5.5 m，天线具有 G/T 值小、容量较小、价格低廉等特点。微型站天线的口径一般为 1 ~ 3 m，天线的 G/T 值较小，具有系统容量小、轻便灵活、便宜等特点。目前国际上通常根据地球站天线口径尺寸及 G/T 值大小将地球站分为 A、B、C、D、E、F、G、Z 等各种类型，见表 3 - 1。

表 3 - 1　各类地球站的天线尺寸、性能指标及业务类型

类型	地球站标准	天线口径/m	最小 G/T 值 /(dB · K^{-1})	业务
大型站	A	15 ~ 18	35	电话、数据、TV、IDS、IBS
	B	12 ~ 14	37	
	C	11 ~ 13	31.7	

续表

类型	地球站标准	天线口径/m	最小 G/T 值 /($dB \cdot K^{-1}$)	业务
中型站	F - 3 E - 3 F - 2 E - 2	9 ~ 10 8 ~ 10 7 ~ 8 5 ~ 7	29 34 27 29	电话、数据、IBS、TV、IDR
小型站	F - 1 E - 1 D - 1	4.5 ~ 5 3.5 4.5 ~ 5.5	22.7 25 22.7	IBS、TV IBS、TV VISAT
VSAT	G	0.6 ~ 2.4	5.5	INTERNET
国内	Z	0.6 ~ 32	5.5 ~ 16	国内

按用途，可分为军用、民用、广播（包括电视接收站）、航空、航海、试验站等类型。

按业务性质，可分为遥测/遥控跟踪地球站、通信参数测量地球站和通信业务站。遥测/遥控跟踪地球站主要用于遥测通信卫星的工作参数，控制卫星的位置和姿态。通信参数测量地球站主要用于监视转发器及地球站通信系统的工作参数。通信业务地球站主要用于电话、电报、数据、电视及传真等通信业务。

3.1.2　地球站组网

每个卫星通信系统都有一定的网络结构，使各地球站通过卫星按一定形式进行联系。由多个地球站构成的通信网络，可以是星形、网格状的，也可以是星形和网格状两种网络的混合形式。网络的组成，根据用户的需要，在系统总体设计中加以考虑。

在星形网络中，各远端小站都直接与主站发生联系，小站之间不能通过卫星直接相互通信，如图 3 - 1 （a）所示。在星形网中，由于小站间不可以直接通信，因此小站的设备比较简单。星形网络适用于星形广播网等需要进行点到多点间通信的应用环境，如单向的广播电视网。

星形网络中，小站之间需要通信时，需经主站转发，才能进行连接和通信，因此需要经过双跳才能实现通信。如小站 1 与小站 2 之间的通信过程为小站 1→主站→小站 2，如图 3 - 2 所示，因此信号会经历两跳的延迟。

在网格状网络中，所有地球站彼此相互直接连接在一起。主站与小站之间、小站与小站之间，可经过卫星直接通信，如图 3 - 1 （b）所示。在网格状网络中，小站之间可以直接通信，所以小站的设备比较复杂。网格状网络比较适用于点到点之间进行实时性通信的应用环境。

在一个卫星通信系统中，地球站中各个已调载波的发射或接收通路，经过卫星转发器可以组成很多条单跳或双跳的双工或单工卫星通信线路。其中，单跳单工是最基本的线路形式。在静止轨道卫星通信系统中，大多是单跳工作，即只经一次卫星的转发

图 3 - 1　地球站组网示意图

(a) 星形组网；(b) 网格状组网

图 3 - 2　地球站双跳组网示意图

被对方接收。星形网络中主站与小站间，网格状网络中主站与小站间、小站与小站间，都是单跳。

　　星形网络中，小站与小站之间是单星双跳。卫星通信系统中，还有一种两星双跳工作方式，如图 3 - 3 所示。A 站和 B 站不在同一颗卫星的覆盖范围内，需要通过双跳方式进行通信。尤其是低轨道卫星覆盖范围较小，卫星间无星间链路时，需要采用双跳方式。

图 3 - 3　地球站两星双跳组网示意图

3.2　地球站组成

用户通过地球站接入卫星线路，进行通信。用户产生的信号经过复接器、调制器，由上变频器将频率变换成适合卫星线路传输的射频信号后，经高功率放大器放大，由馈源将射频信号传送到天线，经天线向卫星发射。

卫星接收到地球站发射的信号后，经过放大、变频或处理后再转发，地球站接收到卫星转发的微弱信号，经过馈源到低噪声放大器。低噪声放大器输出的信号分为两路：一路经跟踪接收机、伺服控制系统，使天线自动地对准卫星；另一路信号经下变频器、解调器、分接器到达用户。

卫星通信地球站主要包含天线分系统、发射分系统、接收分系统、信道终端设备分系统、通信控制分系统和电源分系统六个分系统，如图 3 - 4 所示。

图 3 - 4　地球站结构示意图

天线分系统的作用：将发射机送来的射频信号变成定向辐射的电磁波，经天线向卫星方向辐射，同时，将卫星发来的微弱电磁波能量有效地转换成高频功率信号，送往接收机。由于收、发信机共用一副天线，为使收、发信号隔开，通常还需要接入一只双工器。

发射分系统的作用：将调制后的中频信号经过变频、放大等处理后，将射频信号送往天线分系统。

接收分系统的作用：接收天线分系统送来的射频信号，经过放大、变频等处理之后，将中频信号传输到终端进行解调。

信道终端设备分系统的作用：完成基带信号到中频信号的调制与解调。

通信控制分系统的作用：监视、控制和测试，使地球站各部分正常工作。

电源分系统的作用：供应站内全部设备所需要的电能，它关系到通信的质量及设备的可靠性。

3.2.1　天线分系统

天线分系统主要包括天线、馈源及伺服跟踪系统等。根据天线类型和传输体制不同，可无须设置伺服跟踪系统。

1. 地球站天线

大多数地球站天线采用的是反射面天线，电波经过一次或多次反射向空间辐射出去。地球站常用的天线有抛物面天线、偏馈天线、卡塞格伦天线、格里高利天线、环焦天线等。随着天线技术的发展，新型天线也不断地出现，如多波束天线、平板天线、微带天线、有源天线等。本书介绍几种常用的天线。

（1）抛物面天线

抛物面天线由抛物面反射器和馈源组成，馈源位于反射面的焦点处。馈源发射的电磁波经天线反射面反射后，形成方向性很强的平面波束向卫星辐射，如图 3-5 所示。当抛物面天线作为接收天线时，其功能和发射信号相反。空间辐射信号经天线反射面反射后，聚集到馈源，实现信号增强的效果。抛物面天线具有结构简单、方向性强、工作频带宽等特点。但是抛物面天线具有噪声温度较高、馈源和低噪声放大器等器件遮挡信号、馈线较长不便于安装等缺点。

图 3-5　抛物面天线示意图

（2）偏馈天线

偏馈天线是相对于正馈天线而言的。正馈天线是旋转抛物面被与旋转抛物面旋转轴同心的圆柱面截得的那部分曲面，偏馈天线是指旋转抛物面被与旋转抛物面旋转轴不同心的圆柱面截得的那部分曲面。由于正馈天线的馈源在旋转抛物面的焦点处，当旋转抛物面的旋转轴指向卫星时，馈源会遮挡一部分信号的接收，产生馈源阴影，造成天线增益下降。而偏馈天线的馈源也放置在旋转抛物面的焦点处，这时，偏馈天线的馈源和高频头的安装位置不再与天线中心切面垂直且过天线中心的直线上，因此也就没有馈源阴影的影响，从而提高天线效率，如图 3-6 所示。偏馈天线的特点是效率较高、旁瓣较低，但交叉极化较差，多用于小口径天线。

（3）卡塞格伦天线

卡塞格伦天线是一种双反射面天线，由三部分组成：主反射面、副反射面和馈源，如图 3-7 所示，通常主反射面为旋转抛物面；副反射面为双曲面，其虚焦点与抛物面焦点重合；馈源位于实焦点上，在主反射面顶点附近。

图 3-6　偏馈天线示意图

图 3-7　卡塞格伦天线示意图

卡塞格伦天线的工作原理，除了具有抛物面的几何特性外，还具有双曲面的特点：双曲面上任意点至两焦点距离之差为常数；双曲面上任一点的切线平分由该点向两焦点连线新构成角的内角，即由焦点发出的射线经双曲面反射后，所有反射线的反向延长线会聚于双曲面虚焦点，其所有的反射线就像是从抛物面焦点发出的一样。也就是说，卡塞格伦天线从馈源辐射出来的电磁波被副反射面反射向主反射面，在主反射面上再次被反射。由于主、副反射面的焦点重合，经过主、副反射面两次反射后，电波平行于抛物面法向方向定向辐射。

经典的卡塞格伦天线中，副反射面遮挡了一部分能量，使得天线的效率降低，能量分布不均匀，必须进行修正。修正型卡塞格伦天线的天线效率可提高到 70%～75%，而且能量分布均匀。

卡塞格伦天线的优点是天线的效率高，噪声温度低，馈源和低噪声放大器可以安装在天线后方，从而减小馈线损耗带来的不利影响。目前，很多地球站都采用修正型卡塞格伦天线。

（4）格里高利天线

格里高利天线也是一种双反射面天线，由三部分组成：主反射面、副反射面和馈源，如图 3-8 所示，通常主反射面为旋转抛物面，副反射面为椭球面，馈源置于椭球面的一个焦点上，椭球面的另一个焦点与主反射面焦点重合。

图 3-8　格里高利天线示意图

格里高利天线的工作原理，除了具有抛物面的几何特性外，还具有椭球面的特点：椭圆面上任意点至两焦点距离之和为常数；椭球面上任一点的切线平分由该点向两焦点连线所构成的外角，法线平分内角，即由焦点发出的射线经椭球面反射后，所有反射线会聚于椭球面的另一个焦点，其所有的反射线就像从抛物面焦点发出的一样。

格里高利天线的许多特性都与卡塞格伦天线的相似，不同的是，椭球面的焦点是一个实焦点，所有波束都汇聚于这一点。

（5）环焦天线

环焦天线主要由主反射面、副反射面和馈源三部分组成，如图 3-9 所示。主反射面由部分抛物线 OA 绕轴线 OB' 旋转形成的旋转曲面组成。副反射面是由一段椭圆弧 BB' 围绕 OB' 旋转而得到的旋转曲面，并且椭圆凹面对主反射面，抛物线 OA 与椭圆弧 BB' 的焦点重合于 F'，经旋转后，焦点为圆环状。这里的机械旋转轴与 OA 所在抛物线的对称轴不重合，因此焦点不在旋转轴上，所以环焦天线也称作偏焦轴天线。环焦天线具有低旁瓣、低驻波比、高纯极化和较高的口面效率等特点，能够较好地满足卫星通信对宽频段传输要求。

图 3-9　环焦天线示意图

2. 馈源

在收、发天线共用的系统中，馈源的作用是将发射机送来的射频信号传送到天线上去，同时，将天线接收到的信号送到接收机。反射面天线馈源以喇叭天线为主，喇叭天线种类比较多，按工作模式分类，有基模、双模、多模、混合模等；按截面形状分类，有矩形、圆形、椭圆和同轴形等。

对于普通喇叭天线，由于口径场的不对称性，因此其两个主平面的方向图也不对称，两个主平面的相位中心也不重合，因而不适宜做旋转对称型反射面天线的馈源，通常要针对反射面天线对馈源的特殊要求（如辐射方向图频带宽、等化好、低交叉极化、宽频带内低驻波比等），对喇叭天线进行改进，从而提出了高效率馈源的概念，其中常用的高效率馈源有多模喇叭及波纹喇叭。下面对反射面天线常用的 potter 喇叭（多模喇叭）和波纹喇叭（混合模喇叭）的一般特性进行介绍。

（1）多模喇叭

主模喇叭 E 面的主瓣宽度比 H 面的窄，E 面的副瓣高，E 面的相位特性和 H 面的相位特性又很不相同，因此用主模喇叭作为反射面天线的馈源，会使天线的效率提高受到限制。为了提高天线口径的面积利用系数，就必须设法给主反射器提供等幅同相且轴向对称的方向图，即所谓的等化方向图。多模喇叭就是应此要求而设计的，它利用不连续截面激励起的数个幅度及相位来配置适当的高次模，使喇叭口径面上合成的 E 面及 H 面的相位特性基本相同，从而获得等化和低瓣的方向图，使之成为反射面天线的高效率馈源。多模喇叭可以由圆锥喇叭和角锥喇叭演变而成，但一般都采用圆锥喇叭，利用锥角和半径的变化来产生所需的高次模。

（2）波纹喇叭

波纹喇叭是常用的混合模喇叭。在频率复用时，利用波纹喇叭中 H11 和 E11 模的组合可得到十分理想的辐射特性，它还有以下两个附带的优点：

①激励并不需要采用模变换器，这种基模通常称为 HE11 模。

②构成 HE11 模的二分量 TE 和 TM 模有相同的截止频率和相同的相速度，因此沿波导任何地方，二模都维持恰当的相位关系，与频率无关，所以克服了双模喇叭带宽限制的问题。

波纹喇叭是在喇叭的内壁上对称地开有一系列 $\lambda/4$ 左右深的沟槽，它们对纵向传播的表面电流呈现出很大的阻抗，与几何尺寸相同的光壁喇叭比较，这些纵向的表面传导电流将大大减弱，使得 E 面场分布也变为由口径中心向边缘下降，最终使 E 面方向图与 H 面方向图对称。

3. 天线伺服跟踪系统

伺服跟踪系统常用于体积较大的地面站，主要用于控制地球站天线的转角或位移，使其能自动、连续、精确地实现输入指令的变化规律，准确、稳定地跟踪通信卫星，保证通信正常进行。

伺服跟踪系统有许多种类型。按控制环路方式分类，可分为开环、半闭环和闭环伺服系统；按执行元件的类别分类，可分为步进伺服、直流伺服和交流伺服系统；按驱动方式分类，可分为液压、电气和气压伺服驱动系统；按控制信号分类，可分为数字、模拟和数字模拟混合伺服驱动系统等。

当前采用较多的伺服跟踪系统是具有负反馈的闭环控制系统，一般包括比较单元、控制单元、被控对象、执行单元、检测单元五个部分，其系统框图如图 3 - 10 所示。比较单元是将输入的指令信号与反馈信号进行比较，获得输入、输出之间的偏差信号送给控制单元进行处理。控制单元通过处理偏差信号得到控制信号，控制执行单元调整电动机或液压、气动装置，使控制对象满足要求。控制对象一般是天线机械位置或角度。检测单元将被控对象参数转换为比较单元所需的参数格式。扰动是外部环境对系统产生的各种干扰。

伺服跟踪设备的主要指标有系统精度、稳定性、响应特性、工作频率等。系统精度是指系统输出量与期望输出量之间的差异程度；稳定性是指系统输入参数变化时达到

图 3 - 10　伺服跟踪设备基本框图

新稳定状态的能力，或当外界干扰出现（消失）时，系统仍保持稳定工作状态的能力；响应特性主要是指系统的响应速度，其决定了系统的工作效率；工作频率是指系统允许输入信号的频率范围。

3.2.2　发射分系统

1. 组成和要求

卫星通信具有通信距离远、信号衰减大、用户多、业务复杂等特点，同时，由于卫星发射条件，星载天线口径及增益不会太大，这就要求地球站应具备大功率、宽频带信号的发送能力，以保证星载天线信号接收质量满足通信要求。

发射分系统作为地球站射频信号的生成单元，其频率特性及信号功率放大能力决定了地球站射频信号质量。发射分系统由上变频器、自动功率控制电路、发射波合成装置、激励器和大功率放大器等组成，如图 3 - 11 所示。

图 3 - 11　发射分系统的组成

由于发射机是功率敏感设备并同时传送多路信号，所以，在设计发射机时，需要从以下几方面考虑：一是发射机的功率要足够大，以保证星载天线接收信号强度；二是频带要足够宽，以保证通信容量及多载波传输所需带宽；三是射频稳定性要高，以避免解调的有效信号幅度大幅下降；四是放大器的线性度要足够高，以减小多载波信号经高功率放大器放大后产生的互调分量；五是发射机的增益稳定性要足够高。发射机的核心是功率放大器和变频器，下面简要介绍这两部分内容。

2. 功率放大器

功率放大器的作用是保证信号失真度的条件下，将待发送的一个或多个信号的功率放大到期望值。发射机中，功率放大器一般由行波管功率放大器或速调管功率放大器组成。采用这两种类型的放大器，当放大器工作在线性饱和点附近时，其功率放大特性具有非线性，即放大器输入、输出功率呈非线性关系。对线性调制信号会产生信号失真，对多载波信号会产生交调失真。为了降低非线性影响，可减小输入信号功率，使放大器工作在线性区。这种为降低功率放大器非线性影响而减小信号输入功率的方式称为功率回退或功率补偿。也可以采用线性化技术进行线性补偿，降低功率放大器非线性影响。

当地球站传输多个载波时，常见的功率放大器配置方式有两种：一种是对多个载波信号分别进行功率放大，然后用一个功率合成网络将高功率的多个载波合成为一个多载波系统。采用这种方式可以避免因高功率放大器非线性特性而引起的多载波信号互调的问题，但这种方式电路复杂，需要多个高功率放大器，成本较高。另一种方式是先将多个单载波信号合成为一个多载波信号，然后多载波信号经功率放大器放大后输出。这种方式电路简单，仅用一个功率放大器完成信号功率放大，成本低，但由于功率放大器工作在多载波模式，易产生互调干扰。

3. 变频器

变频器是将信号频谱从一个频率搬移到另一个频率上。要完成频谱搬移，变频器必须具备三个组成部分：非线性元件、产生高频振荡的振荡器和带通滤波器。变频器由混频器和本机振荡器两部分组成。混频器是将两个输入信号频率进行加、减运算的电路。

混频器由非线性器件和带通滤波器组成。由于混频器是非线性器件，当输入两个频率（中频信号和本振频率）时，其输出除这两个基波信号外，还会产生新的频率分量：两个输入信号的各次谐波及各种组合频率。组合频率中最主要的是两个输入频率的和频与差频。其中，和频或差频是我们所期望的频率，如取和频，则称此变频器为上变频器；如取差频，则称此变频器为下变频器。发射机中采用的是上变频器，将频率较低的中频信号变换到频率较高的射频信号；而在接收机中相反，采用下变频器，将频率较高的射频信号变换到频率较低的中频信号。

变频器根据信号频率变换过程不同，可以分为一次变频、二次变频和三次变频三种形式。

一次变频是指只使用一次变频就能够将信号频率调整到期望的频率上。一次变频的变频器具有设备简单、经济耐用、使用维护方便等特点。但是这种方案由于中频频率较低，在大多数的工作频点上，镜像频率在射频工作频段内，在下变频器中会造成镜像干扰，所以要求前端的抑制镜像滤波器的带宽必须很窄，并且具有较高的带外抑制度。

二次变频是指使用两次变频将信号频率调整到期望的频率上。这种变频方式有两种实现方案：一种是高、低、中频都固定，另一种是只有低、中频固定。在高、低、中频都固定的二次变频的下变频器中，只需要改变高本振的频率，就可以选出所需的信号，适应性比较强，适合多频率点通信的大型地球站；缺点是对高、中频频率选择要求较高，如选择不合理，将会出现组合频率干扰、本振谐波干扰和发射机镜频干扰。在只有低、中频固定的二次变频方案中，先用一个频率固定的高本振将信号变换为动态范围较大的高、中频，然后再用一个频率可调的低本振将高、中频信号频率降到一个固定的频率，得到固定的低、中频信号。这种方案实现比较简单，但是存在本振频率落在高、中频工作频带之内的问题，上变频器中一般不用这种变频方案。

三次变频是指使用三次变频将信号频率调整到期望的频率上。如果把第一次变频后的信号看作一个新的信号，需要对这个新的信号做变频处理，那么可以采用上述二次变频方案对其进行处理，实现原始信号的三次变频。

3.2.3 接收分系统

1. 组成与要求

由于卫星通信距离远，信号衰减大，地球站接收到的通信信号非常微弱，同时信道中还存在噪声干扰，所以地球站作为接收终端，首先要做的工作就是对信号功率进行放大，并将接收到的射频信号下变频至中频信号送往信道终端设备分系统，这就是接收分系统的作用。由接收分系统的作用可以看出，其组成主要包括功率放大器和下变频器两部分。由于接收到的通信信号非常微弱且被噪声污染，所以要求功率放大器在具备高增益的同时，必须具有低噪声特性，即由功率放大器引入的噪声要足够低，不能淹没通信信号。这类放大器又称为低噪声放大器（Low Noise Amplifier，LNA）。此外，功率放大器还应具有宽频带、高稳定性及高可靠性的特点，以保证接收信号质量。

2. 低噪声放大器

在微波波段常用的低噪声放大器主要是微波双极晶体管放大器和微波场效应管放大器。微波双极晶体管放大器的特征频率相较于微波场效应管放大器的低，不适用于高频段信号放大。场效应管放大器具有结构简单、稳定可靠、工作频带宽、动态范围大和成本低等优点，在低噪声放大器领域中具有比较明显的优势，已经广泛地应用在 S、C、X、Ku 等频段。

场效应管放大器由微波电路、直流偏置电路组成。微波电路由场效应管和匹配网络组成，工作原理图如图 3 - 12 所示。

图 3 - 12　场效应管放大器的工作原理图

匹配网络可以分为低噪声匹配网络、高增益匹配网络和宽带匹配网络，低噪声匹配网络使场效应管放大器具有最小的噪声系数，高增益匹配网络使场效应管放大器具有最大的功率增益，而宽带匹配网络则使场效应管放大器具有很宽的带宽。

直流偏置电路的作用是提供场效应管放大器工作所需的电源。直流偏置分为两类：一类是自给偏压，另一类是外给偏压。自给偏压电路相较于外给偏压电路，实现简单，但是维护不便，更换器件时，需要重新调整偏置。外给偏压虽然电路复杂，但是便于维护，更换器件时，不需要重新调整偏置。

3. 下变频器

经低噪声放大器放大的微波信号，要送到下变频器变换成中频信号，再经过中频放大后送到信道终端设备分系统。下变频可以看作是上变频的逆过程，其变频方案与上变频器的类似，也可以采用一次变频、二次变频或三次变频，在此不多做赘述。

3.2.4　通信控制分系统

地球站相当复杂和庞大，为了保证各部分正常工作，必须在站内集中监视、控制和测试。为此，各地球站都有一个中央控制室，通信控制分系统就配置在中央控制室内。通信控制分系统作为地球站的监控中心，它的主要功能是监视地球站的总体工作状态、通信业务、各种设备的工作情况，显示系统设备配置、设备工作参数及运行状态，故障报警并控制地球站通信设备进行遥测、遥控，以及主用、备用设备的自动转换等。

3.2.5　信道终端设备分系统

信道终端设备分系统是地球站与地面传输信道的接口，由若干调制解调器组成，组成框图如图 3-13 所示。根据站型规模不同，地球站需要配置一个或多个业务信道调制解调器，用于业务数据传输。在组网应用的条件下，地球站一般还需要专门配置一个网关信号调制解调器，用于实现与中心站之间网管信息的交互。

图 3-13　调制解调器组成框图

调制解调器主要实现以下功能：

①将接收输入的数据进行接口转换，经过信道编码和载波调制后，输出中频信号，送往发射分系统进行上变频。

②接收来自接收分系统的受噪声污染的中频信号，进行解调和译码，然后通过接口输出对端发送的业务数据。

3.2.6　电源分系统

地球站电源分系统要供应站内全部设备所需的电能，它关系到地球站的可靠性和使用操作的安全性。

根据站型特点及使用要求，可以适当选择，如固定地球站可以选择市电、车载站、船载站等移动地球站可以选择油机发电，可搬运地球站可以选择电池供电等。地球站的大功率发射机所需电源必须是定电压、定频率并且高可靠的不中断电源，大型站应支持多种供电方式备份工作，例如以市电为主、油机发电作为备份，从而避免停电、断电对地球站的影响。此外，由于市电稳定度低且通过电力传输线路传输会引入许多杂波，所以需要采用稳压和滤除杂波干扰的措施。为了确保电源设备的安全及减少噪声和交流声，所有电源设备都应良好接地。可搬运地球站在有条件的情况下也可以选择市电。电源需要根据站型特点、使用要求、供电条件等恰当地选择。

3.3 地球站选址和布局

3.3.1 地球站选址

卫星通信地球站站址的选择需要综合考虑多种因素，例如地球站类型、传输的业务类型、地理环境、电磁环境、气象环境、运行保障等。

1. 地球站选址的考虑因素

地球站站址的选择，特别是对于大型固定站来说，是至关重要的，主要考虑的因素包括以下几个方面。

电磁环境因素：包括与陆地微波通信系统的相互干扰、与雷达站之间的相互干扰、与地球站附近飞机的相互干扰及其他的电子干扰，要保证各电磁系统间不会产生相互影响。例如，卫星通信与地面微波通信均采用 C 频段，二者之间会产生相互干扰，如图 3 – 14 所示。地球站站址的选择要慎重考虑，要将地球站和微波线路之间的相互干扰抑制到足够小。

图 3 – 14 卫星通信与地面微波通信相互干扰示意图

地理环境因素：地球站的位置应处在交通运输、施工安装、水电供应及通信条件便利的地方。此外，站址地应开阔，以保证设备可扩展，并且地质条件要稳定，能承受天线重量。站址地的天际线仰角应足够小，保证地球站的可通视域范围。天际线指的是由地球站向四周远望所看到的地球表面与天空的交界线，如图 3 – 15 所示。地球站的等效辐射中心点和天际线上任意点连线同地平面的夹角就称为地球站在该方向上的天际线仰角。

图 3 – 15　天际线仰角示意图

气象和环境因素：大风、降雨等恶劣的天气将使卫星信道的传输损耗和噪声增大，从而降低线路的性能。对于大型地球站，主波束宽度约小于 0.1°，由于大风影响，致使天线波束偏移量超过主波束宽度的 1/10 时，就有可能影响通信的质量。降雨时，地球站接收系统噪声温度将增加，而且降雨引起的吸收损耗会增加，尤其是工作频率比较高时，雨衰影响较大。

安全因素：包括电磁辐射对人体的影响和地面易燃易爆物的安全隐患等。

2. 站址选择的一般程序

站址选择一般经过系统设计、现场勘查、干扰测试和选址报告四个程序。

（1）系统设计

站址选择前，应根据建站的目的、业务、类型（如接收和发射）及规模等要求，首先完成系统的初步设计。

（2）现场勘查

在完成系统设计的基础上，应尽快与当地的无线电管委会有关部门联系，查清站址周围是否存在潜在干扰源（如微波中继站、电视广播台站、雷达站及无线电台等干扰源）。查看站址地附近是否有高山或高建筑会影响地球站工作，还要与当地政府联系咨询站址附近有无高建筑建设规划，是否会影响地球站工作。查看站址附近的气象资料，以便在设计时考虑天线的抗风、抗雨、抗雪能力。此外，还应收集有关地质结构和地震等方面的信息资料，以便为地基、防雷接地和工作接地的设计提供依据。

（3）干扰测试

在站址初选并认为基本符合使用要求的情况下，一般都应进行电磁干扰和微波干扰测试，以确定站址附近没有干扰或者干扰在可接受范围内。

（4）选址报告

经过站址的综合分析，并确认符合使用要求后，通常应编写站址选择报告，其内容通常包括地理位置（经度、纬度及海拔）、电磁干扰及其他有关报告（如遮蔽角图）等。

3.3.2 地球站的布局

地球站的布局与地球站站址的选择是同样重要的，地球站布局合理不仅有利于地球站的管理和维护，而且对于卫星通信系统本身也是一个帮助。一般来说，决定地球站布局的因素主要有地球站的规模、地球站的设备制式、相关管理和维护要求。

1. 地球站的规模

地球站的规模是决定地球站布局的重要因素。如果地球站只需同一颗地球静止轨道卫星通信，则仅需要一副天线和一套通信设备；如果地球站需同两颗或两颗以上卫星进行通信，就需要两副或多副天线，以及两套或多套通信设备。对近地轨道运行卫星的地球站，则需以站房为中心，在距离几百米的位置上设置多个天线，以避免天线之间在跟踪任意轨道的卫星时可能发生的相互干扰。

2. 地球站的设备制式

地球站的通信设备分别安装在天线塔和主机房内，它的布局由地球站的设备制式来决定。

基带传输制布局：需要在天线水平旋转部位设置较大的机房，需要接纳发射和接收分系统的大部分设备，并采用基带传输方法来与主机房的基带和基带以下的设备进行连接。

中频传输制布局：将调制、解调设备及中频以下设备安装在主机房内，并通过同轴电缆与天线塔上机房中频以上的设备相连接。

微波传输制布局：将接收分系统的低噪声放大器和发射分系统的功率放大器装在天线塔上的机房里，并采用微波传输方法与设置在主机房的其他设备连接。

直接耦合制布局：将天线放在楼顶上，低噪声放大器放在天线初级辐射器底部承受仰角旋转的位置上，下面是功率放大器，再下面是其他设备。

混合传输制布局：只把低噪声放大器放在天线辐射器底部承受仰角旋转位置上，而其余设备全部放在主机房内。

3. 管理和维护要求

地球站的布局除了要适应通信系统的要求，保证满足地球站的标准特性要求之外，还要便于维护和管理，有利于规划和发展，尽量使地球站的布局适合工作和生活的需要。

3.4 地球站与 STK 仿真

3.4.1 固定地球站

固定地球站是建成后站址不变的地球站。利用 STK 仿真固定地球站可以有三种不同的方式：Facility、Place、Target。这三种方式可以使用三种不同的方法插入：通过

"Insert"菜单栏从数据库插入、通过"Insert"菜单栏插入默认对象、通过"Default"工具栏中的"Insert Default Object"插入默认对象。这三种方法对于不同的对象而言基本相同，因此，通过 Facility、Place、Target 对象各介绍一种插入方法。

1. Facility 对象

新建一个 STK 仿真场景后，单击菜单栏"Insert"→"New…"，弹出"Insert STK Objects"窗口，在窗口中选择"Facility"，如图 3 - 16 所示。

图 3 - 16 "Insert STK Objects"窗口

插入 Facility 对象可以有多种不同的方法，在右侧窗口"Select A Method"中显示了各种插入方法，这里选择"From Standard Object Database"，单击"Insert…"按钮，弹出"Search Standard Object Data"窗口，如图 3 - 17 所示。

在"Search Standard Object Data"窗口的"Name"下输入要插入对象的名称，如"Xichang"，然后单击左下方的"Search"按钮即可在右侧的"Results"窗口中显示搜索结果，同时会显示各对象的经度、纬度和高度信息。选择相应的 Facility 后单击右下侧的"Insert"按钮，会在场景中插入一个 Facility 对象。单击图 3 - 17 中"Insert Options"下的"Color"下拉按钮，可以改变对象的颜色。

2. Place 对象

在 STK 场景中，在菜单栏单击"Insert"→"Default Object…"，如图 3 - 18 所示，弹出"Insert Default Object"窗口。在窗口中选择"Place"，单击"Insert"按钮，即可插入一个默认的 Place 对象。该对象默认的位置在美国，位于西经 75.596 6°，北纬 40.038 6°。

选择 Place 对象后右击，选择"Rename"。输入相应的对象名称，如"Beijing"。修改对象名称后，还需要修改对象的具体位置。选中对象后单击右键，选择"Properties"（或者选中对象后双击），弹出"Properties"窗口，如图 3 - 19 所示。

"Properties"包括"Basic""2D Graphics""3D Graphics"和"Constraints"。选择"Basic"→"Position"，在右侧显示"Type""Latitude""Longitude"和"Altitude"等。

图 3 - 17　"Search Standard Object Data" 窗口

图 3 - 18　"Insert"→"Default Object…"

可以通过改变 "Latitude"（纬度）、"Longitude"（经度）、"Altitude"（高度）来改变对象的位置，如北京的经度和纬度约为 116. 3° 和 39. 9°，输入相应的经度和纬度后，对

图 3 - 19　Place 对象的"Properties"

象的位置发生变化，位于北京，在 2D 窗口和 3D 窗口相应显示出来。

"2D Graphics""3D Graphics"和"Constraints"分别修改 2D 窗口、3D 窗口和约束条件等属性。

3. Target 对象

在 STK 场景中，单击"Default"工具栏的"Insert Default Object" 右侧的下三角按钮▼，弹出如图 3 - 20 所示菜单项。选择"Target"对象后，单击"Insert"按钮，即可插入一个默认的 Target 对象。可以修改对象的名称和位置属性等。

图 3 - 20　插入 Target 对象

3.4.2　移动地球站

移动地球站可分为车载站、船载站、机载站等，可以对应 STK 中的三类对象：GroundVehicle、Ship、Aircraft。这三类对象可以通过菜单栏或者工具栏的方式插入，但是这三类对象都是移动的，插入对象后，需要设置对象的路径。路径设置有两种不同的方法，这两种方法对于 GroundVehicle、Ship、Aircraft 三类对象而言基本相同，因此主要通过 GroundVehicle 对象和 Ship 对象各介绍一种方法。

1. GroundVehicle 对象

新建一个 STK 仿真场景后，单击菜单栏"Insert"→"New …"/"Default Object …"或者"Default"工具栏的"Insert Default Object"，插入 GroundVehicle 对象。GroundVehicle 等移动对象插入后，和固定对象不同，不能直接在 2D 和 3D 窗口中显示，需要设置对象的移动路径后才能显示。插入对象后，可以通过右键菜单选择“Rename”，修改对象名称。选中 GroundVehicle 对象后右击，选择“Properties”，打开“Properties”窗口，如图 3 - 21 所示。

图 3 - 21 GroundVehicle 对象的“Properties”窗口

"Properties"包括“Basic”“2D Graphics”“3D Graphics”和“Constraints”。选择"Basic"→"Route"，单击右侧的“Insert Point”按钮，会插入一行 GroundVehicle 对象的“Latitude”（纬度）、“Longitude”（经度）、“Altitude”（高度）、“Speed”（速度）等。修改纬度、经度和高度可以改变对象的位置，根据对象的实际情况合理设置其速度。路径至少要设置两个以上的点，再单击“Insert Point”按钮插入第二个点，修改对应的参数后形成一条路径。可以根据对象移动路径的实际情况插入多个位置点。一旦形成移动路径，就会在二维和三维窗口中显示对象和相应的路径。运行场景时，对象会沿着设定的路径和设置的速度移动。

当对象的路径发生变化时，可以直接单击“Delete Point”按钮删除该位置后增加新位置，或者直接在相应的位置点上修改经纬度等信息，从而改变路径。

2. Ship 对象

STK 仿真场景中，Ship 对象的插入和 GroundVehicle 对象类似，通过菜单栏或者工具栏插入。插入对象后修改名称，打开“Properties”窗口，如图 3 - 22 所示。Ship 对象也需要设置路径后才能在二维和三维窗口中显示。可以参照前述方法，通过设置多个位置点的经纬度等信息确定路径；也可以在二维地图上点选设置多个位置点，从而产生一条舰船移动的路径。

选中“Ship”对象后，双击打开“Properties”窗口，选中二维窗口，在二维窗口中单击舰船移动要经过的位置后，就会产生舰船移动的路径。路径产生后，会在"Properties"窗口中显示相应位置点的信息，如图 3 - 22 所示。

在二维窗口设置路径信息后，要根据舰船的实际情况修改路径，可以修改图 3 - 22

Latitude	Longitude	Altitude	Speed	Accel	Time	
-10.51948052 deg	4.86486487 deg	0.00000000 km	0.01543333 km/sec	0.00000000	15 Feb 2022 04:00:0	Insert Point
-22.59740260 deg	5.25405405 deg	0.00000000 km	0.01543333 km/sec	0.00000000	16 Feb 2022 04:04:0	Delete Point
-30.38961039 deg	-4.08648648 deg	0.00000000 km	0.01543333 km/sec	0.00000000	17 Feb 2022 02:54:1	Copy Point
-38.18181818 deg	-19.26486486 deg	0.00000000 km	0.01543333 km/sec	0.00000000	18 Feb 2022 08:25:1	Set All...
-37.79220779 deg	-25.49189189 deg	0.00000000 km	0.01543333 km/sec	0.00000000	18 Feb 2022 18:17:4	

Clicking on map changes current point　　　Arc Granularity: 0.0089991 deg

图 3 - 22　二维窗口设置路径后的"Route"信息

中的经度和纬度等信息，也可以在二维窗口中直接修改。在"Properties"窗口下方勾选"Clicking on map changes current point"后，在"Properties"窗口选择相应的点后，可以在二维窗口改变相关点的位置。如图 3 - 22 所示，选择第三个位置点后，在二维窗口中，第三个位置点上会显示 Ship 对象的图标，此时在窗口的对应位置单击，就会将路径上的第三个位置点更改为新的位置点。

3. Aircraft 对象

STK 仿真场景中，Aircraft 对象的插入和 GroundVehicle 对象、Ship 对象类似，通过菜单栏"Insert"→"New …"/"Default Object …"或者"Default"工具栏的"Insert Default Object"插入。插入对象后，修改对象名称和设置对象路径。

对象名称和路径设置后，可以通过"Properties"→"2D Graphics"→"Attributes"修改二维窗口中的"Color""Line Style""Line Width"等属性。

3.4.3　Antenna 天线

天线是地球站的重要组成部分之一。在 STK 中可以开展简单的天线仿真。STK 软件中对象包括"Scenario Objects"和"Attached Objects"，如图 3 - 23 所示。"Scenario Objects"在场景中可以直接插入，如 Aircraft、Facility、Satellite 等对象。"Attached Objects"在场景中不能直接插入，需要在 Aircraft、Facility、Satellite 等对象下插入。只有选择某一对象后才能插入"Attached Objects"，这类对象包括 Antenna、Transmitter、Receiver、Sensor 等，如图 3 - 23 所示。

Scenario Objects
- Aircraft
- Chain
- Constellation
- Facility
- Missile
- Satellite
- Target
- Area Target
- Comm System
- Coverage Definition
- Ground Vehicle
- Place
- Ship
- Volumetric

Attached Objects
- Antenna
- Radar
- Sensor
- Figure Of Merit
- Receiver
- Transmitter

图 3 - 23　"Scenario Objects"和"Attached Objects"

在 STK 仿真场景中，选择"GroundVehicle1"对象，通过菜单栏"Insert"→"New …"/"Default Object …"或者

"Default" 工具栏的 "Insert Default Object",插入 Antenna 对象。

插入 Antenna 对象后,右击,选择 "Properties",打开 "Properties" 窗口,如图 3 – 24 所示。可以选择天线类型,设置 "Design Frequency"(频率)、"Beamwidth"(波束宽度)、"Diameter"(直径)、"Efficiency"(效率)等参数,这些参数与天线增益密切相关。

图 3 – 24　Antenna 对象的 "Properties" 窗口

天线增益的计算式: $G = \left(\dfrac{\pi Df}{c}\right)^2 \eta$,由此可以计算得到图 3 – 24 中的天线增益约为 41.03 dB。

习　　题

1. 简述地球站的分类。
2. 简述地球站组网应用方式。
3. 地球站由哪些部分组成? 简述地球站各组成部分的作用。
4. 地球站天线分系统中,常用的天线类型有哪些? 其工作特点如何?
5. 地球站发射分系统中,为何要使用高功率放大器?
6. 简述不同变频器类型的优缺点。
7. 地球站接收分系统中,为什么要使用低噪声放大器?
8. 简述信道终端分系统中调制解调器的作用。
9. 简述地球站选址应遵循的基本原则及基本程序。
10. 在地球站布局时,应重点考虑哪些因素?
11. 利用 STK 如何实现地球站的仿真?
12. 在 STK 中仿真地球站天线,可以设置哪些参数?

第 4 章

通信卫星

通信卫星指用于无线电通信中继站的人造地球卫星，是卫星通信系统的空间段。通过转发无线电信号，通信卫星可实现卫星通信地球站（含手持终端）之间、地球站与航天器之间的通信。按照轨道的不同，可分为地球静止轨道通信卫星、大椭圆轨道通信卫星、中轨道通信卫星和低轨道通信卫星。按照服务区域的不同，可分为国际通信卫星、区域通信卫星和国内通信卫星。按照用途的不同，可分为军用通信卫星、民用通信卫星和商业通信卫星。按照通信业务种类的不同，可分为固定通信卫星、移动通信卫星、广播电视通信卫星、海事通信卫星、跟踪与数据中继卫星等。按照用途多少的不同，可分为专用通信卫星和多用途通信卫星等。

通信卫星主要包括有效载荷和卫星平台两部分。其中，有效载荷主要负责接收地球站的信号、信号变换和向地球站发送信号；卫星平台主要负责支持和保障有效载荷的正常工作。本章详细阐述了通信卫星的天线和转发器等有效载荷，介绍了测控分系统、供配电分系统、控制分系统、推进分系统、热控分系统、结构分系统等卫星平台，介绍了几种典型通信卫星，并利用 STK 开展通信卫星仿真及通信卫星覆盖性能的仿真。

4.1 有效载荷

通信卫星的有效载荷一般由卫星天线和转发器两部分组成。

卫星天线用于发射和接收射频信号，是增强发射和接收信号强度的基本单元。从功能上，可分为接收天线和发射天线。其中，接收天线负责接收地球站发送的上行信号，将接收的空间电磁波信号转换为电信号送至转发器的接收机；发射天线是将来自转发器的电信号转换为空间电磁波信号发送至地球站。星载的接收和发射天线一般具有一定的方向性，在进行电磁波信号与电信号转换的同时，对传输信号的能量进行汇聚，提升系统整体性能。

转发器包括小信号放大、信号变换和末级功率放大三个模块，小信号放大模块用于将接收天线收到的来自地面或其他卫星的信号进行放大，为满足系统信噪比要求，主要采用低噪声系数放大器降低所引入的噪声；信号变换模块用于信号分路、变频和信号处理等，仅有简单变频处理的转发器称为"透明"转发器或"弯管"转发器，有信号解调再生等处理功能的转发器一般称为"处理转发器"；末级功率放大模块用于将变换处理后的信号进行大功率放大，馈送至发射天线发送到地面或其他卫星。

4.1.1 卫星天线

卫星天线是通信卫星有效载荷的重要组成部分，承担了接收上行链路信号和发射下行链路信号的任务。相比地面无线通信系统天线，卫星天线具有以下特点：

（1）类型多

为适应通信卫星通信容量的快速增长及多目标区域通信的发展需求，卫星天线主要包括反射面天线、标准圆或椭圆波束天线、赋形天线、多波束形成天线、大型可展开天线等多种类型。按照波束进行分类，卫星天线还可分为全向天线、全球波束天线、区域波束天线、点波束天线、多波束天线、可重构波束天线等多种类型。

（2）增益高、定向性强

由于卫星通信传输链路长，衰减严重，为保证通信的稳定性，卫星通信天线一般采用定向的微波天线，卫星天线的增益较高。例如，在静止轨道通信卫星上的全球波束天线常用喇叭形，其波束宽度约为 $17° \sim 18°$，恰好覆盖卫星对地球的整个视区，天线增益为 $15 \sim 18$ dBi；点波束天线一般采用抛物面天线，其波束宽度只有几度或者更小，集中指向某一小区域，增益更高。区域波束天线也称赋形波束天线，主要用于需要天线波束覆盖区域的形状与某地域图形相吻合的场景，赋形波束天线大多利用多个馈电喇叭从不同方向经反射器产生多波束的合成来实现，对于一些较为简单的赋形天线，也有采用单馈电喇叭、修改反射面形状来实现的。

（3）适应性强

卫星天线需要具有良好的空间环境适用性，包括空间热交变、无源互调、静电放电、振动、冲击、共振等。高性能的星载天线不仅可以提高通信容量和通信卫星系统的 G/T 值，还可以提升卫星通信的抗干扰能力，对于提升通信卫星整体性能和功能具有重要作用。

（4）数量多

由于卫星通常使用多种频率进行星地、星间通信，卫星上往往包含多副天线。以某高轨通信卫星为例，其卫星天线由 3 副功能独立的天线组成：1 副 S 频段收发共用大型可展开环形网状天线、1 副 S 频段收发共用可展开固面通信天线、1 副 C 频段收发共用双栅馈电天线。

下面简要介绍几种常用的通信卫星天线。

1. 反射面天线

反射面天线是在通信卫星中应用最广泛的天线形式，根据馈源安装的位置，可分为前馈式天线和后馈式天线。前馈式天线馈源安装在抛物面的焦点处，后馈式天线中，抛物面焦点安装的是副反射面，而馈源安装在副反射面的焦点处。卡塞格伦天线和格里高利天线是通信卫星常用的后馈式天线。第 3 章中已经介绍了这两种天线的基本情况，这里不再赘述。

2. 多波束天线

在卫星通信系统中，由于高的 EIRP 值和 G/T 值、频率复用、大功率合成、抑制干扰等要求，多波束天线已成为国内外新一代大容量通信卫星普遍采用的技术，自 1975 年发射的国际通信卫星使用多波束天线以来，通信卫星多波束天线技术不断发展，从只有两个波束发展到亚洲蜂窝卫星系统（ACeS）的 100 多个点波束和瑟拉亚卫星的 200 多个点波束，从只有固定的多波束发展到 Inmarsat 系列的可重新赋形的多个可变点波束和先进通信技术卫星的跳跃波束。

从天线专业的角度来讲，多波束天线是指能够同时形成多个独立的点波束的天线，具有以下明显的优点：

（1）增加卫星通信系统容量

由于多波束天线可以同时形成多个独立的点波束，因此可以使用空间隔离和极化隔离，实现多次频率复用，从而大大增加使用带宽，提高系统的通信容量。

（2）简化地面接收设备，为个人移动通信提供技术保证

由于多波束天线采用多个窄波束来覆盖服务区，因此与赋形波束相比，极大地提高了天线的增益，使得卫星发射的 EIRP 值得到了很大幅度的提高，这样使得用户采用小口径天线就可以接收卫星信号，简化了地面接收设备，为可以全球漫游的个人移动通信提供了技术支持和保证。

（3）系统灵活性高

多波束天线还可根据需要进行波束扫描、波束重构，这使得系统在多用途、抗干扰、增强卫星在轨生存能力等方面都具有极大的优越性。

多波束天线可以分为多波束反射面天线、多波束透镜天线和多波束阵列天线三种类型，下面分别对三种多波束天线进行介绍。

（1）多波束反射面天线

相较于多波束透镜天线和多波束阵列天线，多波束反射面天线具有主瓣窄、增益高、质量小、性能优良和生产成本低等优势，在采用大型桁架天线的 GEO 卫星中得到了广泛的应用。

多波束反射面天线对多波束的形成方式主要有两种：基本型馈源形成法和增强型馈源形成法，国际上也称为每束单馈源（Single Feed per Beam，SFB）和每束多馈源（Multiple Feed per Beam，MFB）。

SFB 成束方式如图 4-1 所示。该方式中一个馈源激励形成一个点波束，7 个点波束由 7 个馈源激励形成。采用 SFB 成束方式形成的多个波束，馈源口径与形成多波束的性能不能同时兼顾，要提高天线增益，需要增大馈源口径，要改善波束交叠实现无缝覆盖，需要减小馈源口径，所以，采用 SFB 成束方式时，天线波束增益与单馈源增益之间会产生 2~3 dB 的误差；同时，SFB 成束方式对于波束间的频率复用的实现，需要反射面的数量较多，并且形成的波束指向性较差。

随着人们对高性能天线需求的不断增加，研究人员将相控阵原理引入多波束反射面天线中，提出了 MFB 成束方式，利用一个馈源组代替传统方法的一个馈源形成一个波束，如图 4-2 所示。MFB 成束方式对于波束间的频率复用实现只需一个反射面，并且形成的波束的指向性较好，为安装空间有限、有极化复用需求的卫星系统提供了一种波束形成方案。

（2）多波束透镜天线

随着卫星通信技术的发展，出现了基于准光学原理的多波束透镜天线技术。多波束透镜天线主要包括馈源和透镜天线两部分，其中，馈源位于透镜天线的焦平面上，利

图 4-1 SFB 成束方式示意图

图 4-2 MFB 成束方式示意图

用透镜把馈源所辐射的能量聚集起来形成一个波束，当透镜天线的焦平面上放置多个馈源时，便相应地形成具有不同指向的多个波束。多波束透镜天线具有测量精度高、动态范围大、灵敏度高且可以动态重构天线方向图的特点，非常适合在体积、重量要求较高的卫星系统中应用，但是多波束透镜天线在低频段应用中损耗过大，所以主要应用于地面设备。多波束透镜天线主要分为罗特曼透镜天线、龙勃透镜天线和恒介电常数透镜天线三种。

罗特曼透镜天线是由罗特曼在 1962 年提出的，其结构如图 4-3 所示。该天线由波束端口、平行板透镜或微带透镜、辐射天线阵列等组成。多个波束端口发出的信号经过平行板透镜、相位调整线到达辐射天线阵列时拥有不同的相位，以此形成多个不同指向的波束。

图 4-3　罗特曼透镜天线结构示意图

龙勃透镜天线是由龙勃在 1944 年提出的，其结构如图 4-4 所示。该天线结构主要包括阵列口和龙勃透镜两部分，其中的龙勃透镜是一种具有球对称性和延迟性的介质透镜。对于波束指向的调整，只需适当地移动调整相应的馈源，操作简单，降低了系统设计的复杂性。但是龙勃透镜制造困难，实用性较差。

图 4-4　龙勃透镜天线结构示意图

恒介电常数球透镜天线结构如图 4-5 所示。该天线具有设计简单、生产成本低、便于大规模生产应用等优势，虽然损耗较大，但相对于龙勃透镜来说，恒介电常数球透镜天线却是一种很好的折中替代方案。

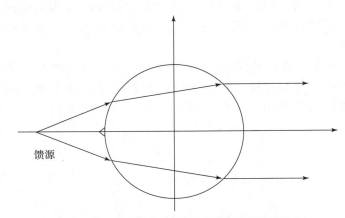

馈源

图 4 - 5   恒介电常数球透镜天线结构示意图

（3）多波束阵列天线

多波束阵列天线主要包括波束形成网络和天线辐射阵列两部分。由于 Butler 矩阵类型的波束形成网络形成的多个波束可以利用整个阵列天线提供的增益，所以成为多波束天线研究的热点。Butler 矩阵波束形成网络向天线馈送输入信号，并生成阵列单元所需的激励幅值和相位，用于波束形成。多路信号通过不同 Butler 矩阵端口可以产生多个指向性不同的波束。通过调节激励的幅值和相位，便可以实现对指定波束赋形的调整，操作简单，降低了系统设计的复杂度。在多波束阵列天线中，每一个天线单元需要一个高功率放大器（High Power Amplifier，HPA）进行功率放大，当波束形成网络内输入相干的激励信号时，在输出端口就会造成相干信号的叠加，导致进入 HPA 的信号幅值过大，功率放大器过饱和工作在非线性区，降低了整个天线系统的效率。

3. 大型可展开天线

在通信领域，信息空间向多维拓展是未来的发展趋势，空天地一体化信息网络的实现在很大程度上依赖于卫星通信系统的能力，为实现更快速、更优质的通信连接及网络服务，未来的通信卫星需要不断提高信号强度及通信质量，迫切需要大口径的星载天线。由于现有火箭整流罩尺寸与发射费用等因素的限制，要求星载天线轻且收拢体积小，故大口径星载天线必须做成可展式，即发射时收拢于火箭整流罩内，入轨后自动展开到位。

目前国际上主要的可展开网状天线按照其结构形式，可以分为环形天线、径向肋天线和构架式天线。

（1）环形天线

环形天线是指柔性反射器通过环形桁架支撑成形的可展开天线，适用于 5 m 以上的天线，口径可以达到几十米甚至上百米。天线收拢时，周边桁架处于收拢状态；入轨后，周边桁架开始展开，带动反射器展开至工作状态。因其特殊的展开结构，具有高可靠、高收纳比、重量轻等特点而得到大量应用。环形天线主要包括环形展开反射器、展开臂、馈源阵和环形天线展开控制器等部分。

（2）径向肋天线

径向肋天线也称伞状天线，最早由美国 Harris 公司研制，其展开原理与折叠伞展开原理接近，主要由展开肋和金属反射网组成，展开肋通过铰链连接在天线底部中心的圆柱结构上，金属反射网铺设在展开肋上，收拢时，伞肋绕铰链转动而收拢成柱状，展开后类似于一把撑开的雨伞，伞状天线收拢体积小，重量轻，型面精度高，可用于通信卫星、跟踪与数据中继卫星、深空探测和遥感等领域。伞状天线口径通常为 4 ~ 6 m（也有天线口径可超过 20 m），可满足 L ~ Ka 频段的需要。径向肋的展开使用弹簧展开机构或者使用电动展开机构。

（3）构架式天线

构架式可展开反射面天线（简称构架式天线）是一种大型网状可展开反射面天线。构架式天线主体由金属网与可展开桁架组成。金属网通过多点连接的方式铺设在桁架上，实现电磁波反射功能；构架式天线骨架是可折叠的桁架，为了使桁架能折叠起来，桁架的杆件中间设有铰链，利用弹簧机构将天线展开，这类天线的收纳率较高，同时具有较高的展开刚度和结构稳定性；缺点是质量大，口径不宜做得太大。构架式天线结构口径为 4 ~ 8 m，是一种重要的空间大型可展开天线结构形式，在国内外已经获得广泛应用。

4.1.2 转发器

转发器的功能是接收来自地面的微小信号，并将信号变换到下行信号和合适的功率电平上。由于需要补偿空间段长距离的空间衰减，转发器必须具备高灵敏度的接收能力，拥有高增益的变频能力，以及大功率的发射能力。根据处理信号的方式，转发器可以分为透明转发器和处理转发器，透明转发器仅对上行信号进行滤波、变频和放大，不对信号解调和处理，常见的有一次变频，也有多次变频，主要依据任务的特点和任务要求进行选择。处理转发器是伴随大规模数字处理技术发展的产物，与透明转发器的最大区别在于对信号的解调和再生处理，改变了基带的信号形式。

1. 工作原理

卫星转发器的结构如图 4 - 6 所示。首先将接收天线收到的地面站发送的上行信号进行频率选择（即输入滤波）；再经过接收机中的低噪声放大器进行放大，利用接收机中的混频器将信号频率转变为下行信号频率；然后经过输出滤波及分路器实现通道控制，使用一级或多级功率放大器对信号进行功率放大，最后利用输出滤波及合路器进行功率合成，重新合成后的下行信号通过发射天线发回地面，完成信号的中继转发任务。

图 4 - 6 卫星转发器结构

2. 透明转发器

透明转发器结构简单，成本低，可靠性高，能够满足大多数业务的需要，所以透明转发器在实际应用中占有重要地位，基本结构如图 4-7 所示。

图 4-7　透明转发器示意图

透明转发器的信号交换过程是在模拟滤波器和中频交换矩阵中实现的，如果信号的载波频率不发生大的改变，那么信号调制和解调的类型及编码/译码的准则变化对透明转发器影响甚微，这些特性造就了透明转发器适应性较强，能够方便地适应各类通信体制。因此，透明转发器是目前大多数卫星通信系统的首要选择方式。

但是，透明转发器存在不可忽略的缺陷，比如星上信号交换矩阵全部属于硬连接范畴，并且网络路由是固定选择模式，使得系统不能随着业务量的变化而变化，信号交换带宽一般情况下都需要占用转发器的全部带宽，甚至以波束为单位进行信号的交联，无法进行较为细致的交换行为。高功放器件具有非线性效应，当输入功率超过饱和电平时，功放就进入饱和区或过饱和区，造成大信号压缩小信号，会产生较大的非线性失真和干扰；在多载波的情况下，通常需要采取一定的功率回退措施，导致系统容量、频率资源利用率降低。此外，当任意两个以上的频率激励信号同时通过非线性器件时，除了原有的频率成分外，还会产生大量新的频率分量，被称为互调干扰。实际工程中，三阶互调分量对信号的影响最大。

3. 处理转发器

随着卫星通信技术的不断发展，对卫星通信的通信质量、动态重组、抗干扰性能等提出了更高的要求。具有星上交换与处理能力的转发器能够实现存储转发、信号交换、基带处理、路由选择等能力，从而进一步提升卫星通信质量。处理转发器主要包括载波处理转发器、比特流处理转发器和全基带处理转发器三种。

载波处理转发器是以载波为单位直接对射频（Radio Frequency，RF）信号进行处理，而不对信号进行解调/重调制及其他基带处理；在某些情况下，可能需要进行简单的频率变换，以便把载波信号变换到一个较适合处理的中频（Intermediate Frequency，IF）上，如图 4-8 所示。相对于透明转发器，其主要改进是具有星上载波交换能力。载波处理转发器具有实现简单、对技术体制没有严格限制等优点；但由于星上微波交换矩阵都是硬连接，交换能力很弱。

图 4 - 8　载波处理转发器示意图

比特流处理转发器是将射频信号变换为中频信号后对已调制的信号进行解调，得到数字比特流，然后再把解调的信号重新调制，上变频为射频信号后放大发射，如图 4 - 9 所示。比特流处理转发器包括对信号的解调、译码、交换、编码和调制等一系列处理单元，能够实现星上信号再生，因此也称为再生式转发器。

图 4 - 9　比特流处理转发器示意图

比特流处理转发器可以有效地去除各类上行链路的噪声和干扰的影响，能够有效地提高通信系统的容量和频率资源利用率，尤其是利用自适应编码技术使得系统的性能进一步提升。这种比特流处理转发器没有星上交换，信号在卫星上进行解调后，通过星上译码、再编码等过程后，卫星下行功率被有用信号占用，不存在上行链路的噪声和干扰，能够改善误码性能。

全基带处理转发器具有星上基带信号处理和交换能力，能够完成解调、译码、存储、交换、重组帧、重编码和重调制等功能，有些还具有星上信令处理能力，如图 4 - 10 所示。全基带处理转发器具有载波处理转发器和比特流处理转发器的优点，还可以使用译码后信号中的信息来进行动态选路或指定处理方式，能够有效地利用卫星的资源。但是全基带处理转发器具有实现复杂、技术适应性差等问题。由于需要在卫星上对信号进行处理，一旦卫星上天，在整个寿命期内都很难改变技术体制，因此，其适应性较差。

图 4 - 10　全基带处理转发器示意图

综合来看，透明转发器成熟可靠，调制、解调、编译码均在地面进行，卫星不依赖于地面信号的形式，组网灵活，卫星转发效率较高。处理转发器可以有效阻断上行链路中信号噪声累积，改善转发信号的通信质量，提高抗干扰性能，对下行地面站的小型化非常有利，并且可以利用基带处理实现多种功能模式的转换，但是增加了转发器的复杂程度，降低了可靠性，增加了体积、功耗和转发时延等。

4. 数字信道化转发器

由于透明转发器和处理转发器既有突出的优点，又有不可忽略的缺陷，研究人员提出了软件定义有效载荷（Software Defined Payload，SDP）方式，其主要思想是将透明转发器灵活性强但无法适应业务量变化的特点和处理转发器纯依赖物理层提升系统容量的特点结合在一起，做到扬长避短，互相兼容，从理论上提升转发器处理信号的效率。但由于在设备的体积、重量、功耗等难题上无法跨越，基于 SDP 思想的理想转发器难以完全实用。研究人员将 SDP 和数字信号处理技术进行结合，设计了数字信道化转发器，并且实现了部分 SDP 的功能。

数字信道化转发器如图 4－11 所示，信号处理过程具体内容为：卫星接收天线将接收到的卫星上行信号送入低噪声放大器 LNA 中进行放大，之后将放大的信号传送给下变频单元，从而改变信号频率，变为合适的中频信号，随后系统又将模拟信号转换为数字信号并送入数字域中进行处理，送进来的数字信号经过信道解复用处理之后，进入数字信道交换单元。交换后的信号经过信道复用、数/模转换之后，变成了模拟中频信号，此中频信号经上变频、高功放放大，被馈入卫星发射天线，从而完成了整个星载信号交换过程。数字信道化转换器共分三步骤完成信道解复用（子信道分离）、信道交换（子信道交换）及信道复用（子信道综合）。

图 4－11 数字信道化转发器的信号处理过程

数字信道化转发器中的信号交换带宽要节省得多，而且利用数字信道化技术能够使得上行信道在卫星转发器中被分为若干个子信道，其信道带宽窄，便于系统根据实际情况进行合理选择配置，占用一个或几个信道进行通信，对于转发器中每个子信道的增益，可以被系统按需分配，系统复制单个子信道用来进行广播、组播和抑制备用信道等，从而使得系统在数字域中对链路损耗进行一定的补偿，降低高功率放大器的非线性效应，提高通信灵活性和可靠性，达到卫星信号与频率资源之间的灵活互换。

5. 转发器性能

一般来说，有效载荷的最主要性能指标是接收系统品质因数、有效全向辐射功率和饱和通量密度。相应的转发器的主要性能指标是噪声系数、转发器增益与增益平坦度、输入/输出特性、转发器灵敏度、转发器非线性指标等。

（1）噪声系数

噪声系数是评价接收机或低噪声放大器最主要的指标，定义为输入信噪比与输出信噪比的比值，噪声系数越小，表明接收系统性能越好。噪声系数的计算式为：

$$NF = \frac{S_i/N_i}{S_o/N_o} \tag{4.1}$$

式中，NF 为噪声系数；S_i/N_i 为输入信噪比；S_o/N_o 为输出信噪比。

为便于计算，通常也会使用接收机等效噪声温度 T_e，等效噪声温度计算式为：

$$T_e = (NF - 1)T_0 \tag{4.2}$$

式中，NF 为噪声系数；T_0 为环境噪声温度，取值为 290 ~ 300 K。

用 dB 表示的噪声系数计算式为：

$$NF = 10\lg\left(1 + \frac{T_e}{290}\right) \tag{4.3}$$

接收机的噪声温度随设计的工作频率和设计结构不同而会有很多差异，典型噪声温度在 50 ~ 100 K。

由于卫星转发器是多级级联系统，系统噪声的推算依据噪声系数级联式为：

$$NF = F_1 + \frac{F_2 - 1}{G_1} + \frac{F_3 - 1}{G_1 G_2} + \cdots \tag{4.4}$$

式中，F_x、G_x 分别为第 x 级的噪声系数和放大增益。

系统的等效噪声温度计算式为：

$$T_e = T_{e_1} + \frac{T_{e_2}}{G_1} + \frac{T_{e_2}}{G_1 G_2} + \cdots \tag{4.5}$$

通过级联式可知，前级放大倍数越大，后级对噪声系数的影响越小，因此接收机前端损耗越小，接收机增益越高，对提高噪声系数指标越有利。

（2）转发器增益与增益平坦度

转发器增益是输出功率与输入功率之比，单位为 dB，通常转发器增益有几十 dB 的可调范围，依据上行饱和通量密度和输出功率设置通道衰减器。增益平坦度指转发器工作带宽内的增益最大变化。

（3）输入/输出特性

输入/输出特性是描述转发器通道特性的重要指标，它是由一组函数或曲线描述转发器输出功率（P_o）随输入功率（P_i）的变化关系，输入/输出计算函数为：

$$P_o = f(P_i) \tag{4.6}$$

（4）转发器灵敏度

转发器灵敏度反映了转发器满足最小信噪比所输入的最小工作电平，转发器灵敏度计算式为：

$$S = -174 + NF + SNR + 10\lg B \tag{4.7}$$

式中，S 的单位为 dBm；NF 是转发器接收机噪声系数，单位为 dB；SNR 是满足最小误码率所需要的最小信噪比，单位为 dB；B 是转发器工作带宽，单位为 Hz。

（5）转发器非线性指标

转发器非线性指标也是转发器最重要的指标之一，它和灵敏度共同构成了转发器的动态范围。由于转发器的末级功率放大器输出在大功率状态，往往转发器的线性指标取决于后端或末端功率放大器的特性。常用的描述幅度非线性指标有三阶互调和噪声功率比，测量多采用双音测试和噪声功率比测试。

4.2 卫星平台

卫星平台是由支持和保障有效载荷正常工作的所有服务系统构成的组合体，按卫星系统物理组成和服务功能不同，卫星平台可分为测控、供配电、控制、推进、热控、结构等分系统。

4.2.1 测控分系统

1. 功能

测控分系统是卫星与地面之间的遥控指令与状态遥测信息的联络通道，主要负责遥测、遥控信号在卫星与地面站之间的传输，以及地面测控网对卫星的跟踪、测轨和定轨。对于通信卫星，一般要求具备全向和定向两种工作模式，在发射主动段、转移轨道、定点后紧急情况下，测控分系统工作在全向工作模式；在卫星定点后的正常情况下，卫星工作在定向工作模式。

测控分系统的主要功能包括：

①接收地面站发射的上行遥控信号并进行解调，生成直接指令并执行，或生成间接指令发送到中心计算机。

②将中心计算机送来的工程遥测参数经调制后下传。

③采集测控分系统自身的工程参数，发送至中心计算机。

④提供信标信号及测距转发功能。

⑤提供甚长基线干涉测量（Very Long Baseline Interferometry，VLBI）信标功能。

2. 分系统的组成

通信卫星的典型测控分系统主要由测控天线、收发分配网络、接收机、发射机、遥测单元、遥控单元以及功率放大器等组成，如图 4 - 12 所示。

（1）测控天线

测控天线基本安装在卫星的 $+Z$ 和 $-Z$ 面，天线采用线极化或圆极化天线，实现天线波束的近全向覆盖。遥测天线和遥控天线一般收发分开。

（2）收发分配网络

收发分配网络介于测控天线与接收机、发射机之间。接收分配网络的作用是对来自 $+Z$ 和 $-Z$ 遥控天线的信号进行合成，完成带外信号抑制后向接收机进行信号传输；发射分配网络的作用是对放大器输出的信号进行滤波、功率分配，然后向天线进行信号传输。

图 4 – 12　卫星测控分系统组成示意图

（3）接收机

接收机由低噪声放大器、变频器、鉴频器、本振倍频电路、中频放大器、终端滤波器等组成，接收机主要实现对上行信号的鉴频解调，向发射机和遥控单元输出测距音信号或遥控 PSK 信号。

（4）发射机

发射机由晶振电路、调制器以及倍频器等组成，实现遥测信号和测距音信号的相位调制后向放大器输出。

（5）功率放大器

功率放大器主要用于实现对发射机输出信号的微波放大。

3. 测控频段与测控体制

（1）S 频段统一载波测控体制（USB 测控体制）

该体制工作在 S 频段，上行和下行载波均使用调相方式，即已调信号的瞬时相位偏移随着调制信号幅度成比例变化。测距采用 ESA – LIKE 测距标准。测距音组频率在几十到几百 kHz。

（2）C 频段统一载波测控体制（UCB 测控体制）

该体制工作在 C 频段，上行载波使用调频方式，即已调信号的国家时间频率偏移随着调制信号幅度成比例变化，下行载波均使用调相方式，测距可采用 Inmarsat 标准，测距音组频率分别是 27.778 kHz、19 kHz、3 968 Hz、283.4 Hz、35.4 Hz。

（3）扩频测控体制

该体制可以工作在 S、C、Ka 频段，载波调制方式采用 BPSK（Binary Phase Shift Keying，二进制相移键控），扩频采用直接序列扩频。测距采用非相干扩频测距体制。

4.2.2　供配电分系统

1. 功能

供配电分系统的主要功能是：将太阳电池阵和蓄电池组作为能源产生、储存的设备，通过电源控制器的调节和管理，向整星输出稳定的一次电源；实现各电池组的均衡控制和一次电源自主管理；用电设备配电、加热器配电及通断控制；火工品的通断控制和瞬态电流测量；通过电缆网提供整星低频功率、信号连接；提供卫星和地面测试设备之间的电气接口。

2. 分系统的组成

通信卫星普遍采用太阳电池阵 – 蓄电池组系统的供配电分系统，利用可展开式太阳电池阵作为主电源，选用铬镍蓄电池组、氢镍蓄电池组、锂离子蓄电池组等作为储能装置，由电源控制设备对供电母线和功率实行调节和控制，提供单一电源母线或双母线，直流/直流变换器将一次电源变换为供各设备使用的二次电源，最后由配电器完成对一次/二次用电设备、加热器的配电。

4.2.3　控制分系统

1. 功能

控制分系统的主要功能是：主要完成卫星从星箭分离开始到在轨运行直至寿命末期各任务阶段的姿态控制和轨道控制。GEO 通信卫星一般工作寿命长，姿态控制精度高，并且要求具备同步转移轨道多次变轨能力，卫星与运载火箭分离后，控制分系统自主进行速率阻尼，消除由运载火箭产生的分离角速度；自主完成太阳捕获和对日定向，建立巡航姿态，卫星在每次变轨发动机点火前建立点火姿态，并在变轨发动机点火期间保持变轨姿态；末次变轨后，卫星进入准同步轨道，进行定点捕获，建立卫星正常工作模式；在卫星寿命期间，保持卫星正常工作姿态，并按照轨道控制要求定期对卫星进行定点保持。

2. 分系统的组成

控制分系统一般由敏感器、控制器和执行机构组成。通信卫星控制分系统以往一般采用地球敏感器作为卫星正常工作期间的主要姿态敏感器，采用数字太阳敏感器作为偏航基准和捕获太阳保证能源的主要姿态敏感器。目前更多采用星敏感器作为卫星全寿命期间的主要姿态敏感器，地球敏感器和太阳敏感器作为备份。由于通信卫星工作轨道一般不需要进行姿态快速机动，通常采用偏置动量控制，由动量轮（组）作为卫星长期工作的主要姿态执行机构。

典型通信卫星控制分系统通常采用如下系统配置方案：

（1）敏感器

地球敏感器，互为冷备份；数字式太阳敏感器，分别安装在卫星东板（用于测量卫星偏航角）、西板（用于测量卫星偏航角）、背地板（用于测量卫星滚动角和俯仰角）；星敏感器，分别安装在卫星南、北侧（用于三轴姿态控制）；液浮陀螺，用于在转移轨道段和同步轨道段必要时测量卫星三轴角速度。此外，作为执行机构的动量轮提供转速脉冲信号，为卫星正常模式轮控提供必要的转速信息。

（2）控制执行机构

偏置动量轮组件或反作用轮组件，组成 V + L 形成金字塔形动量轮构型，用于正常模式克服太阳光压干扰，控制卫星滚动、俯仰和偏航姿态；南、北帆板驱动机构，分别驱动南、北太阳翼转动；帆板驱动机构线路盒，冷备份；推进分系统的多台双组元 10 N 推力器，产生姿态控制力矩和轨道控制力，承担除正常模式外的其他模式姿态控制力矩输出，以及轨道控制力的输出任务；推进分系统的 490 N 发动机组件，用于提供卫星转移轨道段的变轨推力。

（3）控制器

由控制计算机作为卫星主要控制器，控制系统软件和应用软件完成控制、计算功能。

4.2.4　推进分系统

1. 功能

推进分系统的任务是为卫星控制分系统提供控制力矩，为整星的轨道控制提供推力。推进分系统要满足卫星轨道机动、同步轨道定点捕获、位置保持，完成卫星各阶段姿态控制和调整的任务要求。

2. 分系统的组成

推进分系统一般由发动机、推力器、储箱、气瓶、各类阀门、管路、驱动控制电子设备、充压气体和推进剂组成。在系统功能实现上，推进分系统通常需具备以下功能：

①推进剂存储功能，一般由储箱实现。

②推进剂管理分配功能，一般由各类阀体（如减压器、单向阀、自锁阀等）通过功能组合实现。

③提供推力功能，一般由变轨发动机产生大推力，姿控推力器产生小推力。

④驱动控制功能，一般由一台专有电子设备（或模块）实现系统中所有电动阀体、发动机和推力器的开关驱动控制。

⑤系统接口功能，一般需具备遥测遥控接口、结构接口、测试试验接口等。

⑥故障诊断功能，用于关键部件故障诊断。

⑦推进剂剩余量测量功能，系统设计中通过合理配置各类传感器，如压力传感器、温度传感器等，实现推进剂剩余量的精确测量。

⑧推进剂地面加注和排放功能，用于卫星地面测试和发射场加注。

⑨安全防护功能，单机部件设计需执行卫星安全性设计规范和相关专业设计规范，确保推进系统安全性。

4.2.5　热控分系统

1. 功能

热控分系统的任务是确保卫星在发射主动段、转移轨道阶段及同步轨道飞行等阶段，星上所有仪器、设备以及星体本身构件的温度都处在要求的范围之内。

热控分系统应通过卫星轨道外热流计算，合理选择卫星散热面和星体外表面热控涂层，实现星体与空间环境的热交换控制，从而控制卫星外表面的温度水平；通过星内结构件与仪器、设备表面热控涂层的设计、导热和隔热材料的设计及电加热器的设计，实现星体内部的热交换控制，从而控制星上仪器、设备的温度水平。

2. 分系统的组成

热控分系统由硬件和软件组成，其中硬件又分为被动和主动热控产品。被动热控产品主要包括热控涂层、多层隔热组件、热管、导热填料、隔热垫片、扩热板等；主动热控产品主要包括电加热器、百叶窗、制冷器、单相流体回路、两相流体回路等。热控软件完成主动热控产品的自动控制。

4.2.6　结构分系统

结构分系统的任务是在满足总体规定的质量、强度、刚度、精度等要求下，提供一个满足需求的整星结构装配件，具有以下主要功能：

①保持卫星的完整性，支撑星体及星上设备。

②满足星体的刚度、强度和热防护要求。

③满足仪器设备的安装位置、安装精度的要求。

④保证在各种载荷、地面操作、运输、发射及空间环境条件下，仪器和设备的安全。

⑤保证星上展开部件的解锁、展开和锁定所需结构环境。

根据卫星任务要求，结构分系统一般由主承力结构、次级结构、结构连接件、大部件接口、运载火箭接口、运输接口、起装接口等组成。

4.3　典型通信卫星

2020 年，国外共计进行 41 次通信卫星发射（其中一次发射失败），成功将 999 颗通信卫星送入太空，其中美国 874 颗、欧洲 106 颗、俄罗斯 9 颗、日本 3 颗、印度 2 颗、其他国家 5 颗。自 1958 年第一颗通信卫星成功发射以来，全球已经成功发射 3 367 颗通信卫星。截至 2020 年年底，国外共有 1 785 颗通信卫星在轨运行，通信卫星仍是全球在轨数量最多的一类航天器。近年来，随着卫星"轨道革命"的全面深化，以及小卫星系统、技术的快速演进，低轨道（LEO）卫星部署数量呈现爆发式增长，通信卫星领域呈现出越来越明显的"低轨化"分布特征，"星链"（Starlink）星座已经成为迄今为止人类发展的规模最大的卫星系统，传统高轨卫星部署和在轨占比不断下滑，新态势、新格局已对卫星的研制和利用方式形成巨大冲击，并将持续对人类进入和认知太空的能力产生深远影响。

从军事角度分析，美军军事通信卫星建设起步较早，在卫星体系规划及关键技术研究等方面均处于世界领先地位。经过多年发展，目前美军已建成"宽带、窄带、受保护、中继"四位一体的军事通信卫星体系。基于此，本书简要介绍几种典型的美军军事通信卫星。

1. 宽带通信卫星

宽带通信卫星主要用于战略战术通信，能够提供高速大容量干线通信、节点通信和高速用户接入等通信服务。其中，2007 年由美空军部署的宽带全球卫星通信系统（Wideband Global Satcom，WGS）是美军有史以来功率最高、传输能力最强的宽带卫星通信系统，主要为美国防部和政府机关的大容量用户提供宽带服务，同时也为关键性战术部队提供移动通信支援。目前，WGS 统由 11 颗卫星组成，已基本实现全球通信覆盖，并对重点地区形成多重覆盖。WGS 宽带通信卫星采用波音公司的卫星平台，设计寿命 14 年，可提供 X 频段、Ka 频段双向通信服务和全球广播系统（Global Broadcast System，GBS）服务，此外，还支持频段交叉联通，X 频段与 Ka 频段可以相互交叉链接。该卫星最显著的特点是采用数字信道化技术，X 频段频谱资源被分割成 18 个 125 MHz 带宽的主信道，Ka 频段频谱资源被分割成 27 个 125 MHz 带宽的主信道，每个主信道又被分割成 48 个 2.6 MHz 的子信道。由于采用先进技术，卫星通信吞吐量最低可达 2.1 Gb/s，是国防卫星通信系统的 10 倍。

2. 窄带通信卫星

窄带通信卫星主要解决相对低速率的军事通信需求，提供话音、传真、低速数据及短消息等业务，主要为战术级单位或重要方向作战单位提供移动通信服务。自 20 世纪 70 年代起，美军先后发展了 UHF（Ultra High Frequency）军用卫星通信网、特高频后继星（UHF Follow On，UFO）卫星通信系统和移动用户目标系统（Mobile User Objective System，MUOS）。

其中，MUOS 系统主要为美军及其盟友的陆上、空中和海上各移动平台提供 UHF 频段的"动中通"通信服务。2012 年发射首颗移动用户目标系统卫星，2016 年完成星座部署，整个移动用户目标系统卫星星座包括 5 颗卫星，均运行在地球静止轨道。除高纬度极地地区外，整个移动用户目标系统已基本实现全球通信覆盖，并对重点区域形成双重覆盖。该系统卫星采用洛·马公司卫星平台，设计寿命 15 年。卫星的最大特点是采用第三代商业移动蜂窝网技术——宽带码分多址（WCDMA）技术。卫星类似于信号塔，负责用户信号的收发，而卫星地面站则对应于基站，负责用户接入和整个网络的管理。在 MUOS 中，信号塔的高度为 35 786 km，蜂窝小区的直径超过 900 km。该系统能够提供能力更强的 UHF 频段军事卫星通信服务，特别是"动中通"通信能力，极大地改变了美军使用 UHF 频段的方式。

MUOS 系统的通信容量超过 UFO 系统的 10 倍，可支持 2.4～384 kb/s 的数据信息率。MUOS 系统卫星除采用新型载荷外，还同时搭载传统 UHF 频段载荷，兼容上一代的 UFO 系统卫星用户终端。卫星上携带 4 副天线，其中 1 副为多波束天线，可产生 16 个点波束，用于 WCDMA 信号的收发和 UHF 传统信号的接收，多波束天线给卫星通信带来了极大的活动性，这也是移动用户目标系统强大"动中通"能力的重要支撑；1 副为 UHF 传统天线，用于 UHF 传统信号的发送；2 副为 Ka 频段发送和接收天线，用于卫星与地面站链路。

3. 抗干扰通信卫星

抗干扰通信卫星主要用于满足干扰条件下的通信需求，保障战略战术核心任务指令的顺利下达，具有良好的抗干扰性、隐蔽性与抗核生存性，对于保证核战争环境下的指挥控制与通信至关重要。

先进极高频卫星系统（Advanced Extremely High Frequency，AEHF）是美军整个卫星通信体系的"硬核心"，是最关键、最重要的卫星通信系统。AEHF 系统卫星星座包含 6 颗卫星，整个系统由美国空军负责研发采购。2010 年，该系统部署了首颗卫星，至今已成功发射 6 颗，完成星座部署，卫星均运行在地球静止轨道。除极地地区外，目前 AEHF 系统已基本实现全球通信覆盖。AEHF 系统卫星由洛·马公司研发，设计寿命 15 年。卫星星地链路工作在 EHF、SHF 频段，星间链路工作在 V 频段。卫星上搭载了扩展速率载荷，同时兼容军事星卫星的低数据速率和中数据速率载荷，其信息速率达 8.192 Mb/s，星间链路数据率达 60 Mb/s，单星总容量达 430 Mb/s，可服务 4 000 个网络，能同时支持 6 000 余个用户终端，通信容量比二代军事星卫星提高了 10 倍。AEHF 系统卫星采用数字化处理机，具备星上处理能力。此外，该卫星采用调零天线、基于点波束电扫的相控阵天线和灵活的信道——波束映射技术，通信信号功率低、波形隐蔽，而且还采用了安全控制网络和分布式抗毁任务控制体系结构，具有较强的反侦察、反干扰、反摧毁和网络空间安全能力。

4. 跟踪与数据中继卫星

跟踪与数据中继卫星是特殊用途的通信卫星，被称为"卫星的卫星"，主要用于为中低轨航天器提供数据中继和跟踪测控等服务。美军目前使用的典型军用中继卫星通信系统为卫星数据系统（Satellite Data System，SDS）。卫星数据系统由美国国家侦查局负责运行管理，属于高度保密项目。该系统主要为"锁眼"和"长曲棍球"等侦察卫星提供数据中继服务，同时部分卫星数据系统卫星还携带了通信载荷和红外预警载荷，可为战略核部队提供指控通信支持，进行导弹发射红外预警。

自 1976 年发射首颗卫星以来，目前卫星数据系统已发展了四代。第一代卫星从 1976 年至 1987 年共发射 7 颗，均运行在大椭圆轨道（HEO）；第二代卫星从 1989 年至 1996 年共发射 4 颗，均运行在大椭圆轨道；第三代卫星从 1998 年至 2014 年共发射 8 颗，运行在大椭圆轨道和地球静止轨道（GEO）；第四代卫星从 2016 年开始发射，已发射 2 颗，均运行在地球静止轨道。目前，在轨的现役卫星数据系统卫星主要有 5 颗第三代卫星和 2 颗第四代卫星。卫星数据系统已基本实现了包含极地地区在内的全球覆盖，弥补了地球静止轨道覆盖范围的不足。现役的卫星数据系统卫星由波音公司研制，被称为"类星体"（Quasar）。第三代卫星除搭载数据中继载荷外，还携带了"眼镜蛇黄铜"（Cobra Brass）红外预警载荷，可承担部分导弹红外预警任务。

4.4　通信卫星与 STK 仿真

4.4.1　通信卫星仿真

新建 STK 场景后，会自动弹出"Insert STK Objects"窗口，在窗口中选择 Satellite 对象后，右侧会显示"Select A Method"，可以选择插入卫星的方式。选择"Orbit Wizard"单击"Insert"按钮，会弹出"Orbit Wizard"窗口，可以仿真静止轨道通信卫星、低轨道通信卫星等通信卫星，具体操作可以参考 2.5.1 节常见卫星轨道的仿真。通过"Orbit Wizard"窗口可以选择"Circular""Critically Inclined""Geosynchronous""Molniya""Repeating Ground Trace"等不同轨道的通信卫星。

通信卫星最常见的轨道类型分别为地球静止轨道（GEO）卫星、低轨道（LEO）卫星和中轨道（MEO）卫星，在新建的仿真场景中，按照表 2-3 所示的卫星参数进行设置，可以得到三颗不同轨道高度的通信卫星。

4.4.2　典型通信卫星仿真

典型通信卫星可以通过卫星数据库直接插入，STK 数据库中包含很多常见卫星，如"铱"星、天链等。不同版本软件中，数据库中的卫星不同，版本越高，相应的卫星越丰富。

新建 STK 场景后，自动弹出"Insert STK Objects"窗口，在窗口中选择 Satellite 对象后，右侧显示"Select A Method"，选择"From Standard Object Database"，单击"Insert"按钮后，会弹出"Search Standard Object Data"窗口，如图 4 - 13 所示。可以通过"Name or ID""Owner""Mission""Periapsis Altitude""Apoapsis Altitude""Period""Inclination""Operational Status"等方式快捷地插入一颗卫星。

图 4 - 13　典型通信卫星仿真

AEHF 是美国的抗干扰通信卫星，可以通过数据库直接插入。在图 4 - 13 左侧"Name or ID"中输入"AEHF"，单击左下方的"Search"按钮，右侧"Results"以列表的形式显示搜索到的 AEHF 通信卫星，并列出卫星的相关参数，包括"Common Name""Official Name""SSC Number""Operational Status"等。在列表的右下方会显示所有搜索到的卫星数目。选择相应的卫星，单击右下方"Insert"按钮，即可插入AEHF 卫星。

4.4.3　通信卫星的覆盖仿真

卫星通信中，通信卫星与地面站之间要进行通信，地面站必须在卫星覆盖范围内，利用 STK 可分析卫星对于地面站的覆盖情况。

在 STK 场景中插入一颗低轨道卫星和一个地球站。卫星轨道高度为 1 000 km、倾角为 60°，地球站设在北京。利用前述方法插入一颗低轨道卫星，重命名为 LEO；利用前述方法插入北京站，如图 4 – 14 所示。

图 4 – 14　插入通信卫星和地球站

选择 LEO 卫星后单击右键，选择 "Coverage…"（图 4 – 15），弹出 "Coverage" 窗口，如图 4 – 16 所示。

图 4 – 15　分析卫星对北京站的覆盖特性

图 4 - 16　"Coverage"窗口

在"Coverage"窗口中选择要分析的北京站，单击左下方的"Assign"按钮，即可分析 LEO 卫星对于北京站的覆盖情况。覆盖情况可以通过报告 Reports 和图表 Graphs 两种方式显示。单击右下方"Reports"下的"Coverage…"，可以得到 LEO 卫星对北京站覆盖的报告，如图 4 - 16 所示。LEO 卫星对北京站的覆盖报告如图 4 - 17 所示，图中显示了 LEO 卫星与北京站之间的 Access Start（开始时间）、Access End（结束时间）、Duration（持续时间）及 Min Duration、Max Duration 等。

图 4 - 17　LEO 卫星对北京站的覆盖报告

单击图 4 - 16 右下方"Graphs"下的"Coverage…"按钮，可以得到 LEO 卫星对北京站的覆盖图，如图 4 - 18 所示。图 4 - 18 中显示了 LEO 卫星覆盖到北京站的多个时间段，在仿真时间内，共有 7 个时间段，图中横坐标为仿真时间。

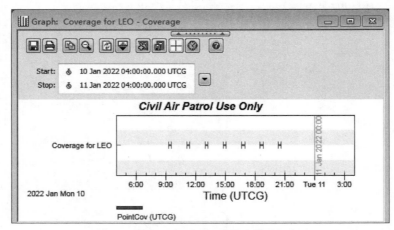

图 4 - 18 LEO 卫星对北京站的覆盖图

如果要分析其他对象的覆盖情况，可以单击图 4 - 16 中的"Select Object…"，选择相应的对象即可。

习 题

1. 简要阐述卫星天线的特点有哪些？
2. 通信卫星的天线类型有哪些？
3. 概述处理转发器的工作原理？
4. 通信卫星的透明转发器有哪些优缺点？
5. 概述美军宽带通信卫星特点有哪些？
6. 概述移动用户目标系统特点有哪些？
7. 卫星转发器带宽为 25 MHz，在 10^{-5} 误码率时，其接收机最小信噪比为 10 dB，等效噪声温度为 1 000 K，问：卫星转发器灵敏度是多少？
8. 系统噪声系数为 2 dB，在室温 290 K 情况下，其等效温度为多少？
9. 某系统输入信号功率为 - 70 dBm，输入噪声功率为 - 116 dBm，输出信号功率为 - 75 dBm，输出噪声功率为 - 112 dBm，问：该系统的噪声系数是多少？
10. 接收机的噪声系数为 8 dB，与该接收机相连的 LNA 的增益为 30 dB，噪声温度为 120 K。计算 LNA 输入端的总噪声温度。
11. LNA 增益为 $\left[G_{LNA}\right] = 40$ dB，天线噪声温度 $T_{ant} = 30$ K；$T_{e1} = 50$ K；馈线损耗 $[L] = 2$；地表温度为 18°；接收机噪声系数 $[NF] = 2$，求接收系统的等效噪声温度 T_s。
12. 如何利用 STK 分析通信卫星的覆盖情况？

第 5 章

卫星链路

卫星通信实际上由两条传输方向相反的单向信道构成的双工通信链路组成。卫星通信链路由发送地球站、上行链路、通信卫星（多颗通信卫星时，通信卫星间有星间链路）、下行链路和接收地球站组成。

本章首先介绍无线电波分类及其传播方式；然后叙述两种卫星通信链路——星间链路和星地链路，描述链路的基本特点；接着对星地链路进行重点分析，主要包括星地距离、仰角、方位角、传输时延和多普勒频移等；接下来对链路预算进行分析，包括传输损耗、噪声和干扰及载噪比等；最后，利用 STK 对卫星链路进行仿真和性能分析。

5.1 无线电波传播

无线电波可由电磁振荡电路通过天线发射。由于无线电波的波长（频率）不同，其传播特性、传播方式和应用范围也不同，通常把无线电波划分成若干波段，见表 5 - 1。从表中可以看出：无线电波传播方式主要分为表面波、天波和空间波等，此外，还有散射传播和卫星通信传播等。

表 5 - 1　无线电波的波段划分及传播方式

波段		波长/m	频率	传播方式	应用范围
超长波		>10 000	3 ~ 30 kHz	表面波	潜艇通信、远洋通信、地下通信、海上导航
长波		10 000 ~ 1 000	30 ~ 300 kHz	表面波	
中波		1 000 ~ 100	300 kHz ~ 3 MHz	天波、表面波	航海、航空通信及导航
短波		100 ~ 10	3 ~ 30 MHz	天波	远距离通信
超短波（米波）		10 ~ 1	30 ~ 300 MHz	天波、空间波	地面视距通信
微波	分米波	1 ~ 0.1	300 MHz ~ 3 GHz	天波、空间波	中小容量中继通信
	厘米波	0.1 ~ 0.01	3 ~ 30 GHz	天波、空间波	大容量中继通信、卫星
	毫米波	0.01 ~ 0.001	30 ~ 300 GHz	空间波	波导通信
	亚毫米波	0.001 ~ 0.000 1	300 ~ 3 000 GHz	空间波	

1. 表面波传播

当发射点和接收点都在地面上，并且天线高度比工作波长短得多时，无线电波在两点间有一种沿着地面传播的模式。这种无线电波沿着地球表面的传播称为表面波传播，也称为地波传播，如图 5 – 1 中的线条 1 所示。长波、中波及部分短波都可以通过表面波传播出去。

图 5 – 1　电磁波传播方式

2. 天波传播

把无线电波以一定的角度发射到大气层中，再由电离层把无线电波反射回地面，即无线电波在地面与电离层之间来回反射传播到较远的地方，这种传播方式就是天波传播，如图 5 – 1 中的线条 2 所示。

这种传播方式以电离层作为媒介，能传播到较远的地方（数百千米甚至上万千米）。但对于频率太低的无线电波，电离层对其吸收很强，使无线电波无法反射回去；频率太高的无线电波则会直接穿出电离层。因此，天波传播通常要求频率在一定范围内，一般利用天波传播的是中波和短波。

3. 空间波传播

空间波传播是指无线电波从发射天线直接传播到接收天线，如图 5 – 1 中的线条 3 所示，它的传播距离与发射天线的高度成正比。如果要扩大传播距离，就必须增加天线的高度。对于空间波传播，为了使无线电波能够发射到更远的地方，一般在中途都设有中继站，有利于无线电波远距离传播。空间波传播主要用于地面微波中继站、电视广播、调频广播、地面与空中飞机通信、卫星通信或雷达探测等方面。

4. 散射传播

超短波利用空间波传播，只能达到视线距离，在远距离通信上，除采用中继接力通信外，还可以采用散射传播来扩大通信距离。散射传播是指当天线辐射出去的无线电波投射到中性层、电离层中电子密度不均匀介质时，类似于光的散射和反射现象，无线电波发生散射或反射，一部分能量传播到接收点的传播，如图 5 – 1 中的线条 4 所示。

散射传播方式有中性层散射、电离层散射和流星余迹散射等。

5. 卫星通信传播

卫星通信传播主要利用空间波进行传播，通过人造地球卫星转发无线电信号，在多个地球站之间进行远距离传播，如图 5 - 1 中的线条 5 所示。

5.2　卫星链路类型

卫星通信的传输链路分为星间链路和星地链路。星间链路是指卫星与卫星之间的信息传输链路，即卫星波束并不指向地球而是指向其他卫星，在自由空间内进行传播。其分为微波链路和激光链路，目前主要研究的是微波链路。星地链路是指卫星到地面节点之间的信息传输链路。星间链路模型建立的前提是卫星在对方的能见范围内，并且功率能够克服链路所带来的损耗。而对星地链路来说，链路模型建立的前提是满足最低仰角要求下的通信畅通条件。

5.2.1　星间链路

星间链路一般被认为是多波束卫星的一种不指向地球而指向其他卫星的特殊波束。对于卫星之间的双向通信，一般需要两个天线波束，一个用于发送信息，另一个用于接收信息。如图 5 - 2 所示，卫星网络互连本身就含有卫星之间的互连和卫星与地面站之间的互连。卫星之间的星间链路可以有多种不同情况，常见的有以下三种：①地球静止轨道卫星之间的星间链路（GEO - GEO）；②地球静止轨道卫星同低轨道卫星之间的星间链路（GEO - LEO），又称为轨道间链路（Inter - Orbit Link，IOL）；③低轨道卫星之间的星间链路（LEO - LEO）。

图 5 - 2　卫星通信链路示意图

1. GEO - GEO 星间链路

当 GEO 卫星之间存在星间链路时，在相同的覆盖情况下，可以极大地提高系统的通信容量；在覆盖不同的区域时，可以大大增加通信覆盖的面积，同时，可以提高地面站的最小仰角，提高通信质量，还可以减少对卫星轨道位置的限制并建立全球卫星通信网络。

2. GEO – LEO 星间链路

由于各种经济和政治原因，不可能为每一个卫星通信系统建立一个地面站网络，使得每一颗迅速通过的 LEO 卫星都能够同一个地面站相通信，而且往往不能在海洋和其他国家建立地面站。因此，需要利用一颗或多颗 GEO 卫星联系地面站和 LEO 卫星，起到中继的作用。GEO – LEO 星间链路示意图如图 5 – 3 所示。

图 5 – 3　GEO – LEO 星间链路示意图

同时，利用 GEO – LEO 星间链路还可以构成航天器的跟踪与测控通信支持网络，具备同时为多个航天器提供服务的能力，为航天器提供全天候、全轨道的连续跟踪、测轨和测姿。以往的航天器跟踪与测控通信系统多是以陆基为基础的。以美国为代表，其科研人员花了 20 多年的时间建立了以陆地为基础的各种跟踪与测控通信系统，虽然起到了一定的作用，但实践证明，陆基支持系统的覆盖率最大只能达到 15%，而且需要极为复杂的地面通信网来支持航天技术的飞速发展。而在建立了星间链路的情况下，GEO 卫星相当于把地面测控站搬移到空间地球静止轨道上，一颗卫星就可以观察到大部分近地空域飞行的航天器。双星适当配置组网，可基本覆盖整个中、低轨道的空域，从而大大节省系统投资并降低其复杂程度。

3. LEO – LEO 星间链路

LEO 卫星的优点和地球静止轨道的拥挤使得 LEO 卫星通信系统成为未来卫星通信的一个重要发展趋势，但是 LEO 有两个相互联系的缺点：单颗卫星的覆盖范围很小；单颗卫星的通信时间很短。利用 LEO 卫星之间的星间链路可以弥补这两个缺点，例如铱星系统，通过星间链路实现与前、后、左、右四颗卫星的连接，组成卫星网络，如图 5 – 4 所示。利用星间链路实现卫星组网是未来卫星通信的发展趋势之一。

图 5 - 4　LEO - LEO 星间链路示意图

5.2.2　星地链路

星地链路是指卫星与地面站之间的通信链路。其中地面站到卫星之间的链路称为上行链路，而卫星到地面站之间的链路称为下行链路，如图 5 - 5 所示。星地之间的电波传播特性由自由空间传播特性和近地大气层的各种影响所决定，主要采用微波链路。

图 5 - 5　星地链路的示意图

不同轨道高度卫星与地面站之间链路的持续时间各不相同。地面站与地球静止轨道卫星之间的链路始终保持，与低轨道卫星之间的链路持续时间较短，而与中轨道卫星之间的链路持续时间在二者之间。通过 STK 仿真得到北京站与 LEO（轨道高度 1 000 km）和 MEO（轨道高度 10 500 km）的链路持续时间，如图 5 - 6 所示。MEO 卫星与地面站的链路持续时间为 1 ~ 2 h，而 LEO 与地面站的链路持续时间在十几分钟到 20 min 左右。

图 5 - 6　STK 仿真地面站与 GEO/LEO/MEO 卫星间的星地链路时间

星地链路的建立与地面站天线仰角、大气吸收损耗、地形、地物及地面噪声等因素有关。相关参数详见 5.3 节。

5.3　星地链路分析

5.3.1　星地链路建立条件

地面站天线仰角是决定卫星与地面站能否建立星地链路的主要因素。地面站天线仰角过低，大气吸收损耗大，容易受地形、地物及地面噪声的影响，不能进行有效的通信，因此，地面站天线一般要满足一定的仰角条件。

地面站可以建立星地链路的条件是必须满足天线的最小仰角 ϕ_{emin}，最小仰角对应的地心角为最大半地心角 α_{max}。卫星和地面站之间的地心角小于最大半地心角，就可以建立星地链路，如图 5 - 7 所示。

图 5 - 7　星地链路判断的示意图

在卫星 S、地面站 A 和地心 O 组成的三角形内，由正弦定理可得：

$$\frac{r_E}{\sin\beta} = \frac{h + r_E}{\sin(90° + \phi_e)} \tag{5.1}$$

在三角形 OAS 中，有：

$$\beta = 180° - [\alpha + (90° + \phi_e)]$$

$$\sin\{180° - [\alpha + (90° + \phi_e)]\} = \sin(90° + \alpha + \phi_e) = \cos(\alpha + \phi_e) \tag{5.2}$$

式（5.1）可以表示为：

$$\frac{r_E}{\cos(\alpha + \phi_e)} = \frac{h + r_E}{\cos\phi_e} \tag{5.3}$$

天线仰角为最小仰角 ϕ_{emin} 时，得到的半地心角即为最大半地心角 α_{max}。

$$\alpha_{max} = \arccos\left(\frac{r_E}{h + r_E} \cdot \cos\phi_{emin}\right) - \phi_{emin} \tag{5.4}$$

最大半地心角与地球半径、卫星轨道高度及最小仰角有关。最小仰角一定的条件下，轨道高度越高，半地心角越大，星地链路的持续时间就越长，可通信时间也就越长。

已知卫星瞬时位置的星下点经纬度和地面站的经纬度，卫星与地面站之间的实际地心角 α 可以通过式（5.5）计算：

$$\alpha = \arccos[\sin\theta_s\sin\theta_u + \cos\theta_s\cos\theta_u\cos(\phi_s - \varphi_u)] \tag{5.5}$$

式中，(ϕ_s, θ_s) 为卫星的星下点经纬度；(ϕ_u, θ_u) 为地球站经纬度。

如果地心角小于最大半地心角，则卫星可以与地面站建立星地链路，即

$\alpha \leqslant \alpha_{max}$，则卫星可以与地面站建立星地链路。

$\alpha > \alpha_{max}$，则卫星不能与地面站建立星地链路。

即使是同一颗卫星，与地面站之间的通信时间也不同。LEO 卫星与地面站通信时，当地面站从覆盖区域的边缘经过时，通信时间短；当地面站从覆盖区域的中心经过时，通信时间长。

5.3.2 星地距离

假设地面站和卫星满足条件可以建立星地链路。在地心 O、卫星 S 和地面站 A 组成的三角形 OAS 内，边 OA 是地球半径 r_E，边 OS 是轨道高度 h 加地球半径 r_E，地心角 α 可以由式（5.5）计算得到，利用余弦定理可以得到星地距离 d 与轨道高度 h 和地心角 α 的关系：

$$d = \sqrt{r_E^2 + (h + r_E)^2 - 2r_E(h + r_E)\cos\alpha} \tag{5.6}$$

利用 STK 仿真得到某 LEO 和 MEO 卫星与地面站之间的星地链路的距离，如图 5-8 所示。轨道高度越高，星地距离就越大。后续会介绍利用 STK 仿真分析链路距离。由于卫星在轨道上运行，同一颗卫星与地面站之间的星地距离也是变化的。星地距离直接影响了传输时延和自由空间传播损耗。

5.3.3 仰角

仰角是指地面站天线轴线与地平线之间的夹角，如图 5-9 所示。

图 5 – 8　STK 仿真不同高度卫星与地面站之间的星地距离

图 5 – 9　仰角计算的示意图

　　在卫星 S、地面站 A 和地心 O 组成的三角形内，利用正弦定理，可以得到仰角与卫星轨道高度和地心角之间的关系。

　　式（5.3）可进一步表示为：

$$\frac{r_E}{\cos\alpha\cos\phi_e - \sin\alpha\sin\phi_e} = \frac{h + r_E}{\cos\phi_e} \tag{5.7}$$

　　将式（5.7）整理后可得：

$$(h + r_E)\cos\alpha\cos\phi_e - r_E\cos\phi_e = (h + r_E)\sin\alpha\sin\phi_e \tag{5.8}$$

$$\tan\phi_e = \frac{(h + r_E)\cos\alpha - r_E}{(h + r_E)\sin\alpha} \tag{5.9}$$

　　地球站天线仰角可以表示为：

$$\phi_e = \arctan\left[\frac{(h + r_E)\cos\alpha - r_E}{(h + r_E)\sin\alpha}\right] \tag{5.10}$$

式中，h 为卫星轨道高度；r_E 为地球半径；α 为卫星与地球站之间的地心角，由式（5.5）计算得到。

5.3.4　方位角

方位角是从正北方起在地平面上依顺时针方向至目标方向线的水平夹角，如图 5 – 10 所示。

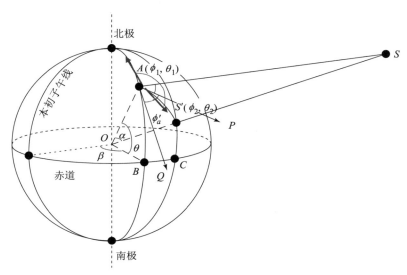

图 5 – 10　方位角计算的示意图

由卫星星下点的经纬度和地球站的经纬度可以计算得到卫星星下点和地球站的连线与地球站所在经线的夹角。

$$\phi'_a = \arcsin\left[\frac{\sin(\phi_2 - \phi_1)\cos\theta_2}{\sin\alpha}\right] \tag{5.11}$$

实际方位角的计算需要区分地球站是位于北半球还是南半球、卫星与地球站之间的相对位置。

如果地面站在北半球，则利用式（5.12）对方位角进行确定，同时要考虑卫星和地面站之间的相对位置。

$$\text{方位角} = \begin{cases} 180° - \varphi'_a & （卫星位于地面站东侧） \\ 180° + \varphi'_a & （卫星位于地面站西侧） \end{cases} \tag{5.12}$$

如果地面站在南半球，则利用式（5.13）对方位角进行确定，也要考虑卫星和地面站之间的相对位置。

$$\text{方位角} = \begin{cases} \varphi'_a & （卫星位于地面站东侧） \\ 360° - \varphi'_a & （卫星位于地面站西侧） \end{cases} \tag{5.13}$$

仰角和方位角用于地面站天线的跟踪和瞄准。在其他轨道参数不变的情况下，增加轨道高度将降低方位角和仰角的变化速度，可以改善星载天线的捕获、锁定和跟踪性能；但同时会导致星间距离增大，自由空间传播损耗增加，将会提高对发射功率的要求。

5.3.5　多普勒频移

卫星与地球站之间的相对运动会产生多普勒效应，通信时，多普勒效应引起的附加频移，称为多普勒频移（Doppler Shift）。

多普勒频移与工作频率及卫星与地球站的相对运动速度有关，可以表示为：

$$\Delta f = \frac{f v_T}{c} \tag{5.14}$$

式中，Δf 表示多普勒频移；f 为工作频率；v_T 为二者的相对运动速度；c 为光速。

由式（5.14）可以得到：

当收、发两端靠近时，卫星和地球站越来越近，$v_T > 0$，多普勒频移为正值；

当收、发两端远离时，卫星和地球站越来越远，$v_T < 0$，多普勒频移为负值。

因此，波在波源移向观察者时频率变高，而在波源远离观察者时频率变低。

多普勒频移会对终端的解调造成困难，降低通信系统性能。为保证可靠的通信，必须获取卫星在可视范围内对地面终端的多普勒频移和变化规律，并给出相应的补偿。

对于地球静止轨道卫星通信，产生多普勒频移主要是因为用户终端的运动。GEO 卫星与地面站之间的多普勒频移，根据工作频率的不同，一般在几百赫兹到几千赫兹之间，相对较小，通过采用一定的调制方式可以忽略较小的多普勒频移。

对于非静止轨道卫星通信，多普勒频移主要取决于卫星相对于地面目标的快速移动。尤其是低轨道通信卫星与地球站之间的相对运动速度大，多普勒频移值较大。卫星与地球站工作在 C 频段时，多普勒频移值可以达到上百 kHz。某轨道高度为 1 000 km 的 LEO 卫星和轨道高度为 15 000 km 的 MEO 卫星与某地球站之间的多普勒频移值如图 5－11 所示。随着卫星在轨道上的运行，卫星与地球站之间的相对运动速度不断变化，导致多普勒频移值变化，尤其是低轨道卫星多普勒频移值较大。因此，多普勒频移对低轨卫星通信系统影响较大。

图 5－11　C 频段时 LEO 和 MEO 卫星与地球站间的多普勒频移

多普勒频移也可以加以利用，比如利用多普勒频移实现对卫星的定位。多普勒定位技术在不需要很高精度的定位场合是一种成本低而易于实现的技术。

5.4 链路预算

5.4.1 传输损耗

1. 自由空间传播损耗

电磁波在自由空间的传播是无线电波最基本、最简单的传播方式，电磁波在传播过程中，能量将随传输距离的增加而扩散，由此引起的传播损耗为自由空间传播损耗。

假设发射天线的功率为 $P_T(\mathrm{W})$，发射信号的能量向周围均匀扩散。在半径为 d 的球面上，辐射面积为 $4\pi d^2(\mathrm{m}^2)$，在单位面积上的功率为：

$$W_E = \frac{P_T}{4\pi d^2}\ (\mathrm{W/m}^2) \tag{5.15}$$

假设接收天线的有效面积为 A_{eff}，则全向天线接收功率为：

$$P_R = \frac{P_T}{4\pi d^2}\cdot A_{\mathrm{eff}}\ (\mathrm{W}) \tag{5.16}$$

卫星通信中，一般使用定向天线，把电磁波能量聚集在某个方向上辐射，从而产生一定的天线增益。天线增益可以表示为：

$$G_R = \frac{4\pi A_{\mathrm{eff}}}{\lambda^2} \tag{5.17}$$

因此，天线有效面积 A_{eff} 可以等效为：

$$A_{\mathrm{eff}} = \frac{G_R\lambda^2}{4\pi} \tag{5.18}$$

式中，G_R 是接收天线的增益；λ 为信号波长。

将式（5.18）代入式（5.16）得到，采用定向天线接收信号时的接收功率为：

$$P_R = \frac{P_T}{4\pi d^2}\cdot\frac{G_R\lambda^2}{4\pi} = \frac{P_T G_R}{\left(\frac{4\pi d}{\lambda}\right)^2} \tag{5.19}$$

采用定向天线发射信号，则接收功率为：

$$P_R = \frac{P_T G_R G_T}{\left(\frac{4\pi d}{\lambda}\right)^2} \tag{5.20}$$

式中，G_T 是发射天线的增益；$\left(\frac{4\pi d}{\lambda}\right)^2$ 称为自由空间传播损耗 L_f，它表示由于电磁波在自由空间以球面波形式传播，电磁波能量扩散在球面上，而接收点只能接收到其中一小部分所形成的损耗。

由于工作波长 λ 与频率 f 的关系为 $\lambda = \frac{c}{f}$，其中，$c = 3\times10^8\mathrm{m/s}$，则 L_f 可改写为：

$$L_f = \left(\frac{4\pi d f}{c}\right)^2 \tag{5.21}$$

若用分贝形式来表示，则有：

$$[L_f] = 10\lg\left(\frac{4\pi d}{\lambda}\right)^2 = 20\lg\left(\frac{4\pi d f}{3\times 10^8}\right)^2 \tag{5.22}$$

若用 $d(\text{km})$、$f(\text{GHz})$ 表示，则：

$$L_f(\text{dB}) \approx 92.44 + 20\lg d(\text{km}) + 20\lg f(\text{GHz}) \tag{5.23}$$

自由空间传播损耗与传输距离 d 和工作频率 f 有关，星地链路长度越长，传输距离越远，则传播损耗越大；工作频率越高，传播损耗也就越大，如图 5 – 12 所示。后续会介绍利用 STK 仿真分析自由空间传播损耗。

图 5 – 12　Matlab 仿真不同频率，自由空间传播损耗与链路长度的关系

2. 大气吸收损耗

在卫星通信中，除了自由空间传播损耗外，还有许多其他的因素会造成信号能量在传输过程中的损耗，例如，电磁波在大气传输时，要受到电离层中自由电子和离子的吸收，受到对流层中氧分子、水蒸气分子和云、雾、雪等的吸收与散射，从而形成损耗。这种损耗与电磁波的频率、波束、仰角及气候的好坏有密切的关系，下面分两种情况来说明。

（1）晴朗天气情况下的大气损耗

晴朗天气时，在 0.1 GHz 以下，电离层的自由电子（离子）对信号的吸收在信号的大气损耗中起主要作用，频率越低，这种损耗就越严重，0.01 GHz 时损耗大约为 100 dB；而工作频率高于 0.3 GHz 时，其影响小到可以忽略。卫星通信中的工作频率几乎都高于 0.3 GHz，故进行卫星通信系统设计时，可不考虑这部分损耗。

在 15 ~ 35 GHz 频段，水蒸气分子的吸收在大气损耗中占主要地位，并在 22.2 GHz 处发生谐振吸收而出现一个损耗峰。

在 15 GHz 以下和 35 ~ 80 GHz 频段主要是氧分子的吸收，并在 60 GHz 附近发生谐振吸收而出现一个较大的损耗峰。

当地球站所处位置使天线波束仰角较大时，电波通过大气层的途径较短，损耗也较小。频率低于 10 GHz、仰角大于 5° 时，其影响基本上可以忽略。在 0.3 ~ 10 GHz 频段，大气损耗最小，比较适合电波击穿大气层的传播，并且大体上把电波看作自由空间传播，目前在卫星通信中应用最多。在 30 GHz 附近有一损耗谷，损耗相对也较小。在晴天条件下，它比 0.3 ~ 10 GHz 时的损耗要大 1 ~ 2 dB 或稍多一点，大雨、大雪天气时则要严重得多。卫星通信应用最广泛的是 6 GHz/4 GHz（上行频率/下行频率）频段，虽然该频段的大气损耗比较小，但在设计卫星通信链路时，仍有必要对此做出估计。

（2）恶劣天气情况下的大气损耗

电波穿过对流层的雨、雾、云、雪时，有一部分能量被吸收或散射，因而产生损耗，损耗的大小与工作频率、穿过的路径长短，以及雨、雪的大小和云、雾的浓度等因素有关。

3. 馈线损耗

接收天线与接收机之间的连接部分本身也存在着一定的损耗，这类损耗是由连接波导、滤波器和耦合器产生的，用馈线损耗来表示。馈线损耗也存在于连接发射机 HPA 输出端和发射天线的波导、滤波器及耦合器中。如果给出的有效全向辐射功率 EIRP 中已经考虑了馈线损耗，则可不再重复考虑。

4. 天线指向损耗

卫星通信链路建立后，理想情况下，地球站天线和卫星天线都指向对准的最大增益方向，但实际上可能存在两种偏轴损耗的情况：一种在卫星天线，而另一种则在地球站天线。有跟踪装置的天线指向误差损耗很小，一般在零点几至一点几分贝之间，而没有跟踪装置的大型天线指向损耗则可能很大。除了天线指向损耗外，天线极化方向的指向误差也会产生损耗，但极化误差损耗数值通常很小，常用统计数据来估计，当然，天线的指向误差损耗应该对上行链路和下行链路分别考虑。

5. 法拉第旋转

线极化波通过电离层时，极化面会发生旋转，旋转的角度与频率的平方成反比。旋转还与电离层的离子密度有关，同时它还与时间、季节和太阳活动情况有关。在 4 GHz 频率时，它的量值是几度范围。一般情况下，电离层对工作在 Ku 或 Ka 频段电磁波的极化影响很小，基本可以忽略；但工作在 L 频段下的线极化的电磁波极化面会明显旋转而严重影响通信质量。C 频段的卫星通信转发器采用线极化时，极化旋转角依然比较大，在电离层活动高峰期，如果不能对极化进行跟踪调整，较小的误差都将会对极化隔离度造成较大影响，造成转发器或地球站受到交叉极化干扰。如果电离层处于扰动状态，将导致 C 频段信号的极化隔离度无法稳定下来，这时最好能使用极化跟踪装置。对上行极化的跟踪比较复杂，一般的地球站不会采用，实际工作中常用的办法是尽量将极化隔离度调高，以增加储备余量和安装下行极化跟踪装置，一般卫星公司要求上行载波的极化隔离度达到 33 dB。使用移动手机时，天线方向是不稳定的，因此极化面会随时变化，相反，由于法拉第旋转效应无法改变圆极化波的极化方向，如果使用圆极化波，不管天线方向如何改变，总能将信号电平保持为常数。因此，工作在 L 频段和 C 频段的卫星个人通信网络，经常采用圆极化天线；用于固定和便携式终端的 Ku 频段和 Ka 频段系统，则经常采用线极化天线。

6. 电离层闪烁

电磁波在通过电离层时，由于受到电离层结构的不均匀性和随机的时变性的影响而发生散射，使得电磁能量在时空中重新分布，造成电磁波信号的幅度、相位、到达角、极化状态等发生短期不规则的变化，形成"电离层闪烁"现象。观测数据表明，电离层闪烁效应与工作频率、地理位置、电磁活动情况，以及当地季节、时间等有关，且与地磁纬度和当地时间关系最大，卫星移动通信系统的工作频率一般较低，电离层闪烁效应必须考虑。当频率高于 1 GHz 时，影响一般大大减轻，但即使是工作在 C 频段的系统，在地磁低纬度的地区也会发现电离层闪烁的影响，赤道区或低纬度区指的是地磁赤道及其南北 20°以内的区域，地磁 20°～50°为中纬度区，地磁 50°以上为高纬度区，在地磁赤道附近及高纬度区（尤其是地磁 65°以上的区域），电离层闪烁现象则更为严重和频繁，在特定的条件下，更高的频段也能记录到电离层闪烁。例如，日本冲绳记录到 12 GHz 卫星信号最大 3 dB 值的电离层闪烁事件，我国处于世界上两个电离层赤道异常区域之一，电离层闪烁影响的频率和地域都较宽，不易解决，对闪烁深度大的地区，用编码、交织、重发等技术来克服电离层闪烁，其他地区可以用增加储备余量的方法来克服电离层的闪烁。

7. 降雨衰减

降雨衰减指的是电磁波在雨中传播时，由于雨滴吸收和散射信号的能量而产生的衰减，简称为雨衰，它随频率的增大而增大。当卫星信号的频率达到 10 GHz 以上时，降雨衰减成为主要的衰减方式。当电磁波的波长远大于雨流的直径时，衰减主要由雨滴的吸收引起，当电磁波的波长变小或雨滴的直径增大时，散射衰减的作用就增大。

雨衰的大小与雨量及电磁波传播时穿过雨区的有效距离有关。对于特定的雨区（雨量与电磁波穿透的实际距离都确定的情况下），电磁波在传播路径上的不同地点可能经受不同的降雨衰减（即雨区间不同地点的降雨衰减系数是不同的）。

8. 多径衰落

传输移动业务的卫星通信系统主要工作在 UHF 频段的 250～400 MHz 和 800～900 MHz，以及 L 频段的 1.5～1.6 GHz，移动站的天线波束较宽，除了接收来自卫星的直射波以外，还会接收到从地面或海面经不同途径反射来的幅度与相位各不相同的反射波。此外，由于建筑物、树林等会发生遮蔽效应，使得运动中的地球站产生多普勒效应，因此，地球站的接收信号的电平会发生很大的随机起伏，从而产生多径衰落。通常采用多径衰落深度，即接收到的直射与各种非直射的合成信号的瞬时功率相对于平均功率的分贝数，来衡量多径衰落的程度，而且还要标明超过此值或不超过此值的概率是多少。

一般来说，卫星移动通信系统的具体多径衰落程度与卫星的工作频率、天线增益、天线仰角、地形或海面粗糙度等因素有关。理论分析与实际测试表明，多径衰落一般在 6～15 dB。

5.4.2 噪声和干扰

卫星通信链路中，地球站接收到的信号极其微弱，而且接收天线在接收卫星转发来的信号的同时，还会接收到大量的噪声，如图 5-13 所示。地球站接收系统接收到的噪声有些是由天线从其周围辐射源的辐射中接收到的，如宇宙噪声、大气噪声、降雨噪声、太阳噪声、天电噪声、地面噪声等，若天线盖有罩子，则还有天线罩的介质损耗引起的噪声，这些噪声与天线本身的热噪声合在一起统称为天线噪声；有些噪声则是伴随信号一起从卫星发出的，包括发射地球站、上行链路、卫星接收系统的热噪声，以及多载波工作时卫星及发射地球站的非线性器件产生的互调噪声等；有些是干扰噪声（如人为噪声、工业噪声）。

图 5 - 13　天线接收的噪声示意图

天线与接收机之间的馈线通常是波导或同轴电缆，由于它们是有损耗的，因此会附加上一些热噪声；而接收机中，线性或准线性部件放大器、变频器等会产生热噪声和散弹噪声；线路的电阻损耗会引起热噪声。以上这些都是接收系统内部噪声。至于解调器，是一种非线性变换部件，虽然它本身也会产生噪声，但由于对整个接收系统的噪声贡献不大，故系统分析时一般认为其是理想的（或把其噪声归算到接收机中去，而认为其是理想的）。

1. 天线噪声

天线噪声通过馈线进入接收机，当馈线损耗足够小时，由于接收机采用了低噪声放大器，所以天线噪声限制了接收系统噪声的进一步降低。天线噪声主要包括以下几个部分：

（1）天线固有的电阻性损耗引起的噪声

天线本身就有损耗，其损耗主要由天线的电阻特性引起。

（2）宇宙噪声

宇宙噪声指的是外空间星体的热气体及分布在星际空间的物质辐射所形成的噪声，它在银河系中心的指向上达到最大值，通常称为指向热空；而在天空其他某些部分的指向则是很低的，称为冷空。宇宙噪声是频率的函数，在 1 GHz 以下时，它是天线噪声的主要部分。

（3）太阳噪声

太阳噪声是指太阳系中的太阳、各行星及月亮辐射的电磁干扰被天线接收而形成的噪声，其中太阳是最大热辐射源。在太阳黑子活动强烈时，即使天线不对准太阳，其旁瓣接收到的噪声也是很可观的。

（4）大气噪声和降雨噪声

电离层、对流层对穿过它们的电波，在吸收能量的同时，也产生电磁辐射而形成噪声，其中主要是水蒸气和氧分子构成的大气噪声，大气噪声是频率的函数，在 10 GHz 以上时显著增加；此外，它又是仰角的函数，仰角越低，穿过大气层的路径越长，大气噪声对天线噪声温度贡献越大。

2. 互调噪声

当多个载波通过非线性器件时，就会产生互调现象。在卫星通信系统中，卫星转发器几乎都采用行波管功率放大器作为其发射部件，它的输入/输出特性是非线性的，并且在多个载波工作时，若多个载波的总输入功率等于某单载波的输入功率，其输出总功率会小于单载波的输出功率，它的相位特性也是非线性的。当输入多个载波信号时，这种非线性就会使它们相互调制，产生新的频率成分，落入信号频带内形成干扰，称为互调噪声；落入信号频带外的，则有可能对临近频道形成干扰。在卫星通信系统中，特别是采用频分多址体制时，互调噪声是个极为突出的问题，在进行链路计算时，必须充分考虑。地球站的发射功率通常较大，大型发射机一般包括一级行波管放大器与一级速调管放大器，它们也会产生互调噪声。地球站接收系统的非线性器件也会产生互调噪声，但它们一般工作在线性或接近线性状态，故互调噪声不大。

3. 其他干扰

（1）系统间干扰

使用相同频段的卫星通信系统与地面微波中继系统之间，以及两个卫星通信系统之间都有可能发生相互干扰。为了避免严重的相互干扰，国际电信联盟对发射功率、天线方向、工作条件等做了限制性的规定。并且应采取一系列措施，如协调地球站与中继站之间的距离，选择适当的站址（最好地球站周围有小山屏蔽），抑制天线的旁瓣等。

（2）共信道（Co‐Channel）干扰

为了充分利用卫星的频率资源，现代卫星通信系统很多采用频率重复使用技术，即把已有频段再使用一次，这相当于把频带扩展了一倍。其方法之一是波束隔离，即分别指向地球不同区域的两个波束传递各自的消息，但使用相同的频带；另一种是极化隔离的方法，即两个波束的指向区域可能是重叠的，并且用相同的频带，它们靠正交极化方法隔离，即一个信号波用水平线极化，一个信号波用垂直线极化；或一个信号波用右旋圆极化，另一个信号波用左旋圆极化，各自传递各自的消息。有的系统这两种方法都采用，这样频带的利用率相当于原来的 4 倍甚至 6 倍。采用波束隔离方法进行频率重复使用时，两个波束相互间可能干扰，这种干扰称为共信道干扰。此时，一个波束在其最大辐射方向上的功率与干扰波束旁瓣在此方向上的功率分量之比称为隔离度，通常要求上行与下行的隔离度都在 27 dB 以上，隔离度实际也就是有用信号功率与共信道干扰噪声功率之比。

（3）正交极化干扰

采用正交线极化（垂直和水平线极化）或正交圆极化（左旋或右旋圆极化）波的频率复用卫星通信系统中，还存在另一个重要的干扰源，即能量从一种极化状态耦合到另一种极化状态引起的干扰。它是由于地球站和卫星天线的有限正交极化鉴别度（或隔离度）或降雨引起的去极化效应等造成的。在 C 频段，降雨的影响近似可以忽略。因此，正交极化干扰几乎完全取决于地球站天线和卫星天线的正交极化鉴别度。

正交极化鉴别度定义为对同一入射信号，天线收到的同极化功率对正交极化功率的比值。因此，当两个正交极化信号发送功率相等时，正交极化鉴别度就表示同极化信号功率对正交极化干扰功率的比值。高质量天线沿着天线轴可以获得 30～40 dB 的正交极化鉴别度，是地球站天线和卫星天线在上行线和下行线组合的结果。

（4）码间干扰

当数字序列经过具有理想低通特性的信道时，如果其传输速率和所占用信道带宽满足奈奎斯特准则，那么其输出信号序列中各个比特之间就不存在码间干扰。然而，理想的低通信道是不存在的，通常信道具有滚降特性，即它在截止频率处不具有垂直截止特性，而是有一定的渐变过程，频带宽度增加。这样，当数字信号序列通过具有滚降特性的低通信道时，其输出的各比特波形就会出现相互重叠的现象，从而造成码元之间的相互干扰，即"码间干扰"。

在卫星通信系统中，由于存在多径传播，这样就使得所传输的数字码元出现时间展宽的现象，码元和码元之间相互重叠，从而造成码间干扰。另外，由于卫星通信系统中的传播路径很长，导致其传输延时很长，因此所产生的码间干扰相对而言比较严重。

4. 噪声功率

在卫星通信链路中，地面站接收到的信号是极其微弱的。特别是在地面站中，由于使用了高增益天线和低噪声放大器，使接收机内部的噪声影响相对减弱。因此外部噪声的影响已不可以忽略，即其他各种外部噪声也应同时予以考虑。噪声的大小可直接用噪声功率来度量。对于具有热噪声性质的噪声，噪声功率可表示为：

$$N = kTB \tag{5.24}$$

式中，玻尔兹曼常数 $k = 1.38 \times 10^{-23}$ J/K；T 为接收系统的等效噪声温度，包括天线等效噪声温度和接收机内部噪声的等效噪声温度；B 为等效噪声带宽，单位为 Hz。

5.4.3　载噪比

载噪比是接收系统输入端的信号载波功率与噪声功率之比，它是决定一条卫星通信链路传输质量的最主要指标。本节采用卫星通信系统常用的符号 C、G 和 N 来表示接收信号载波功率、天线增益和接收端的噪声功率。接收信号功率 C 为：

$$C = \frac{P_T G_T G_R}{L_f L_i} \tag{5.25}$$

式中，P_T 为发射功率；G_T 为发射天线增益；G_R 为接收天线增益；L_f 为自由空间传播损耗；L_i 为其他损耗之和。其他损耗包括发射机到发射天线的馈线（波导）损耗、接收机到接收天线的馈线（波导）损耗、大气吸收损耗、天线指向损耗等。

接收信号的载噪比（载波功率与噪声功率之比）C/N 为：

$$\frac{C}{N} = \frac{P_T G_T G_R}{L_f L_i kTB} \tag{5.26}$$

式中，T 为等效噪声温度；B 为等效噪声带宽；k 为玻尔兹曼常数，$k = 1.38 \times 10^{-23}$ J/K。

在进行链路预算分析时，为了避免涉及接收机的带宽，还有两种表示方式——载波功率与噪声功率谱密度之比 C/n_0 和载波功率与噪声温度之比 C/T。

$$\frac{C}{n_0} = \frac{P_T G_T G_R}{L_f L_i kT} \tag{5.27}$$

$$\frac{C}{T} = \frac{P_T G_T G_R}{L_f L_i T} \qquad (5.28)$$

式（5.26）~ 式（5.28）中，G_R/T 称为接收系统的品质因数，它是评价接收系统性能好坏的重要参数。对于不同类型的卫星通信系统，对 G_R/T 的要求有所不同。例如：国际卫星七号（IS – Ⅶ）工作于全球波束的卫星星载接收系统 G_R/T 值为 – 11.5 dB/K，而天线仰角大于 5°的 A 型标准地面站，在晴天的 G_R/T 值应满足：

$$G/T \geqslant 40.7 + 20\lg \frac{f}{4}$$

式中，f 为工作频率，单位为 GHz。

欧洲通信卫星（EUTELSAT）是区域性波束覆盖，卫星星载接收系统 G_R/T 值为 – 5.3 dB/K，而对地面站 G_R/T 的要求为 37.7 dB/K $+ 20\lg\left(\dfrac{f}{4}\right)$。

卫星移动通信的地面移动终端天线增益通常只有 1 ~ 2 dB，G_R/T 值为 – 22 ~ – 23 dB/K。

1. 上行链路载噪比与卫星品质因数

在计算上行链路载噪比时，地球站为发射系统，卫星为接收系统，如图 5 – 14 所示。

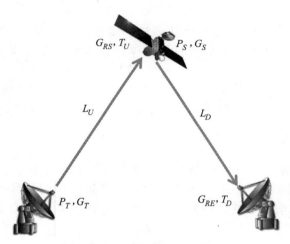

G_{RS}, T_U P_S, G_S

L_U L_D

P_T, G_T G_{RE}, T_D

图 5 – 14　卫星链路一般示意图

设地球站有效全向辐射功率为 $[EIRP]_E$，上行链路传播损耗为 $[L_U]$，卫星转发器接收天线增益为 $[G_{RS}]$，卫星转发器接收系统馈线损耗为 $[L_{FRS}]$，大气损耗为 $[L_a]$，则可求得卫星转发器接收机输入端的载噪比，用对数形式可以表示为：

$$\left[\frac{C}{N}\right]_U = [EIRP]_E - [L_U] + [G_{RS}] - [L_{FRS}] - [L_a] - 10\lg(kT_S B_S) \qquad (5.29)$$

式中，T_S 为卫星转发器输入端等效噪声温度；B_S 为卫星转发器接收机带宽。

式（5.29）也可以表示为：

$$\left[\frac{C}{N}\right]_U = [EIRP]_E - [L_U] - [L_{FRS}] - [L_a] - 10\lg(kB_S) + \left[\frac{G_{RS}}{T_S}\right] \qquad (5.30)$$

式（5.30）中，$\left[\dfrac{G_{RS}}{T_S}\right]$ 值的大小直接关系到卫星接收性能的好坏。因此，$\dfrac{G_{RS}}{T_S}$ 称为卫星接收机的品质因数。G/T 值越大，C/N 越大，卫星接收机的接收性能越好。

2. 下行链路载噪比与地球站品质因数

下行链路中，卫星转发器为发射系统，地球站为接收系统。与上行链路类似，下行链路的载噪比可以表示为：

$$\left[\frac{C}{N}\right]_D = [\text{EIRP}]_S - [L_D] + [G_{RE}] - 10\lg(kT_E B_E) \tag{5.31}$$

式中，$[\text{EIRP}]_S$ 是卫星转发器的有效全向辐射功率；$[L_D]$ 为下行链路传播损耗；$[G_{RE}]$ 为地球站接收天线增益；T_E 为地球站接收机输入端等效噪声温度；B_E 为地球站接收机的频带宽度。同样，可以表示为：

$$\left[\frac{C}{N}\right]_D = [\text{EIRP}]_S - [L_D] - 10\lg(kB_E) + \left[\frac{G_{RE}}{T_E}\right] \tag{5.32}$$

式（5.32）中，$\left[\dfrac{G_{RE}}{T_E}\right]$ 值的大小关系到地球站接收性能的好坏。$\dfrac{G_{RE}}{T_E}$ 称为地球站品质因数。因此，在国际卫星通信系统中，为了保证一定的通信质量并能有效地利用卫星功率，对标准地球站的性能指数有明确规定。

3. 卫星转发器载波功率与互调噪声功率

当卫星转发器同时放大多个信号载波时，由于行波管的幅度非线性和相位非线性的作用，会产生一系列互调产物。其中，落入信号频带内的那部分就成为互调噪声。

如果近似认为互调噪声是均匀分布的话，可采用和热噪声类似的处理办法，求得载波互调噪声比，也可用 $\left[\dfrac{C}{N}\right]_I$ 或 $\left[\dfrac{C}{T}\right]_I$ 来表示，且

$$\left[\frac{C}{T}\right]_I \approx \left[\frac{C}{N}\right]_I - 228.6 + 10\lg B \tag{5.33}$$

一般情况下，越远离行波管饱和点，输入补偿越大，$\left[\dfrac{C}{T}\right]_I$ 越大；越接近饱和点，输入补偿越小，$\left[\dfrac{C}{T}\right]_I$ 越小。而 $\left[\dfrac{C}{T}\right]_U$ 和 $\left[\dfrac{C}{T}\right]_D$ 则正好相反。当输入补偿越小时，$[\text{EIRP}]_S$ 要增大，这时可使 $\left[\dfrac{C}{T}\right]_D$ 得到相应的改善。然而，$\left[\dfrac{C}{T}\right]_I$ 会因为行波管非线性而降低。因此，为了使卫星链路得到最佳的传输特性，必须适当选择补偿值。

4. 卫星通信链路的总载噪比

前面研究的上行和下行链路载噪比都是单程线路的载噪比。所谓单程，是指地球站到卫星或卫星到地球站。实际上，卫星通信是双程的，即由地球站→卫星→地球站。因此，接收地球站收到的总载噪比 $\left[\dfrac{C}{N}\right]_t$ 与下行链路的载噪比 $\left[\dfrac{C}{N}\right]_D$ 是有区别的。

整个卫星线路噪声由上行链路噪声、下行链路噪声和互调噪声三部分组成。虽然这三部分噪声到达接收站接收机输入端时，已混合在一起，但因各部分噪声之间彼此独立，所以，计算噪声功率时，可以将三部分相加。

$$N_t = N_U + N_I + N_D \tag{5.34}$$

式中，N_U 表示上行链路的噪声功率；N_I 表示转发器的噪声功率；N_D 表示下行链路的噪声功率。

将式（5.24）代入式（5.34）可得：

$$N_t = k(T_U + T_I + T_D)B$$
$$= kT_tB \tag{5.35}$$
$$T_t = T_U + T_I + T_D \tag{5.36}$$

式中，T_U 表示上行链路的噪声温度；T_I 表示转发器的噪声温度；T_D 表示下行链路的噪声温度。

令 $r = \dfrac{T_U + T_I}{T_D}$，则式（5.36）可表示为：

$$T_t = (1 + r)T_D \tag{5.37}$$

整个卫星线路的总载噪比为：

$$\left[\frac{C}{N}\right]_t = [\text{EIRP}]_E - [L_D] + [G_R] - 10\lg(kT_tB)$$

$$= [\text{EIRP}]_E - [L_D] - [k] - [B] + \left[\frac{G_R}{(1+r)T_D}\right] \tag{5.38}$$

也可以用 $\left[\dfrac{C}{T}\right]_t$ 来表示，即

$$\left[\frac{C}{T}\right]_t = [\text{EIRP}]_S - [L_D] + \left[\frac{G_R}{(1+r)T_D}\right] \tag{5.39}$$

将式（5.36）代入 $\left[\dfrac{C}{T}\right]_t$ 可以得到：

$$\left[\frac{C}{T}\right]_t = \frac{C}{T_U + T_I + T_D} \tag{5.40}$$

$$\left[\frac{C}{T}\right]_t = \frac{1}{\dfrac{T_U + T_I + T_D}{C}} = \frac{1}{\left[\dfrac{C}{T_U}\right]^{-1} + \left[\dfrac{C}{T_I}\right]^{-1} + \left[\dfrac{C}{T_D}\right]^{-1}} \tag{5.41}$$

式（5.41）可以表示为：

$$\left[\frac{C}{T}\right]_t^{-1} = \left[\frac{C}{T}\right]_U^{-1} + \left[\frac{C}{T}\right]_I^{-1} + \left[\frac{C}{T}\right]_D^{-1}$$

$$= 10\lg\left(10^{-\left[\frac{C}{T}\right]_U/10} + 10^{-\left[\frac{C}{T}\right]_I/10} + 10^{-\left[\frac{C}{T}\right]_D/10}\right) \tag{5.42}$$

也可以表示为：

$$\left[\frac{C}{N}\right]_t^{-1} = \left[\frac{C}{N}\right]_U^{-1} + \left[\frac{C}{N}\right]_I^{-1} + \left[\frac{C}{N}\right]_D^{-1} \tag{5.43}$$

由式（5.43）可以得到，卫星通信链路总载噪比的倒数是上行链路载噪比的倒数、下行链路载噪比的倒数和互调载噪比的倒数之和。总载噪比的计算是卫星链路预算中最重要的一环，卫星地球站之间能否成功通信，取决于总载噪比是否满足要求。

5.5　卫星链路与 STK 仿真

5.5.1　链路建立

1. 星地链路建立

星地链路是卫星与地球站之间的通信链路，要建立星地链路，需要建立一颗通信卫星和一个地球站。打开 STK 仿真软件，新建一个 STK 仿真场景，按照 2.5 节介绍的方法通过轨道生成向导插入一颗静止轨道通信卫星和一颗低轨道通信卫星，卫星的主要参数见表 2 - 3。静止轨道通信卫星定点于东经 10°，将卫星名称修改为 GEO；低轨道卫星名称修改为 LEO；再按照 3.4.1 节介绍的方法插入北京站。

新建链路对象与其他对象类似，有几种方法：

①单击菜单栏的"Insert"→"New"，弹出"Insert STK Objects"窗口，选择 Chain，然后单击"Insert"按钮插入链路对象。

②单击"Insert"→"Default Object"，弹出"Insert Default Objects"窗口，选择 Chain，然后单击"Insert"按钮插入链路对象。

③在工具栏中单击"Insert Object" 如图 5 - 15 所示，弹出窗口，插入链路对象。

图 5 - 15　工具栏插入新对象界面

④通过工具栏，单击"Insert Default Object"右侧下拉倒三角按钮▼，选择 Chain，然后单击"Insert"按钮插入链路对象。

插入链路对象后，需要设置对象属性，选择对象后单击右键，选择"Properties"，如图 5 - 16 所示。弹出链路属性窗口，如图 5 - 17 所示，包括"Basic""2D Graphics""3D Graphics""Constraints"。选择"Basic"→"Definition"，显示 Objects，左侧为"Available Objects"，如图 5 - 17 中虚线框所示，可以从中选择作为链路两端的对象，包括场景中的所有地球站和卫星。右侧为"Assigned Objects"，表示为链路分配的对象，默认情况下无对象。

图 5 - 16　选择链路对象"Properties"

在"Available Objects"中选择相应的对象，如选择"Beijing_Station"，单击中间的"→"按钮，在右侧的"Assigned Objects"中显示"Beijing_Station"，即为链路分配一个对象。再次选择"LEO"，单击"→"按钮后，会出现在

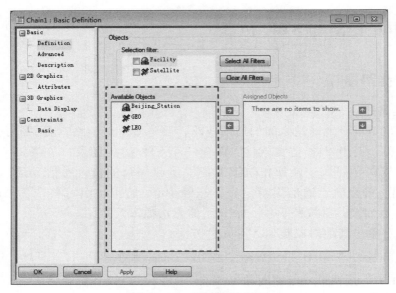

图 5 - 17　链路属性界面

"Assigned Objects"中，这样就建立了一条从北京地面站到 LEO 卫星的星地链路。若要取消分配的链路对象，则在"Assigned Objects"中选择该对象后，单击中间的"←"按钮即可。选择链路"Chian1"后，修改名称为"Beijing - LEO"。

2. 星间链路建立

星间链路是卫星与卫星之间的链路，链路两端的对象是卫星。在仿真场景中新插入一个 Chain 对象，选择对象"Chian1"，修改名称为"GEO - LEO"，双击该对象打开属性窗口后，选择"GEO"后，按住 Ctrl 键，再选择"LEO"后，单击"→"按钮，这两颗卫星会出现在"Assigned Objects"中，如图 5 - 18 所示，在静止轨道卫星 GEO 和低轨道卫星 LEO 之间建立了一条星间链路。

图 5 - 18　星间链路的建立

星间链路建立后，会显示在二维和三维场景中，如图 5 - 19 所示。单击场景中链路对象左侧的颜色框，即可弹出修改链路颜色的窗口。

打开链路对象的属性窗口，选择"Constraints"→"Basic"，可以修改链路的约束条件，如图 5 - 20 所示。链路约束条件包括"Angle Between""Filtering Intervals"和

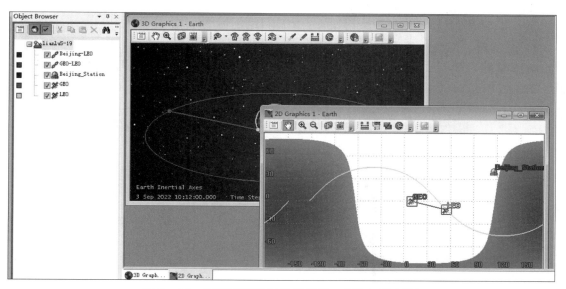

图 5 – 19　星间链路和星地链路的二维和三维示意

"Link Duration"。在 "Angle Between" 中设置最小角度为 10°，此时只有满足这个约束条件才会建立链路。

图 5 – 20　修改链路约束条件

5.5.2 链路性能仿真分析

1. 方位角、仰角、距离仿真

选择链路对象后，单击右键，选择"Report & Graph Manager…"，如图 5 – 21 所示，弹出"Report & Graph Manager…"窗口，如图 5 – 22 所示。

图 5 – 21　选择"Report & Graph Manager…"

图 5 – 22　"Report & Graph Manager…"窗口

"Report & Graph Manager…"窗口包含"Object Type""Time Properties""Styles"等部分。"Object Type"选择"Chain"时，下方会显示场景中的链路对象，如图 5 – 22 所示。选择链路对象，如"Beijing – LEO"后，可以分析链路的特性。"Styles"下方包

括"Show Reports"和"Show Graphs",如果同时选择左侧的框后,会在下方以列表的形式显示链路的不同特性,如图 5 – 22 所示。

如果只勾选"Show Graphs",则仅显示相应的图表项,如图 5 – 23 所示。选择图中的"Access AER",单击右下方的"Generate…"按钮,即可产生"Beijing – LEO"链路的 AER 性能图表,如图 5 – 24 所示。图 5 – 24 中,横坐标为仿真时间,纵坐标左侧是角度、右侧是距离。

图 5 – 23　勾选"Show Graphs"

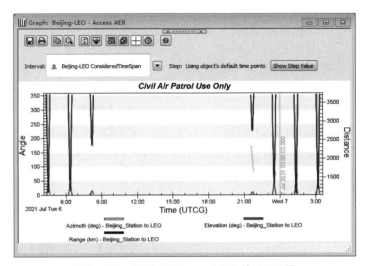

图 5 – 24　链路 Beijing – LEO 的 AER 图

链路的 AER 性能包含三个内容："A"是"Azimuth"，指方位角；"E"是"Elevation"，指仰角；"R"是"Range"，指距离。方位角、仰角和距离通过不同颜色的线条显示，在图的下方是图例。由图 5-24 可以看出，从北京地面站到 LEO 卫星的链路方位角、仰角和距离，随着卫星在轨道上的运行和地球站的相对位置发生变化，方位角、仰角和距离相应地发生变化。卫星相对于地球站从远及近，链路距离最大超过 3 500 km，最小不到 1 500 km。通过图表可以清楚地了解方位角、仰角和距离的变化规律，为了了解其准确值，可以通过报告的形式给出。

在图 5-22 中，"Styles"只勾选"Show Reports"，则仅显示相应的报告项。选择"Access AER"后，单击右下方的"Generate…"按钮，即可产生"Beijing-LEO"链路的 AER 性能报告，如图 5-25 所示。

图 5-25 链路 Beijing-LEO 的 AER 报告截图

图 5-25 显示了北京站到 LEO 卫星链路在不同仿真时刻的"Azimuth""Elevation""Range"。由于 LEO 卫星轨道高度低与地面站的可见时间较短，因此链路不是持续存在的，有时链路存在，有时不能建立链路。在仿真时间内，链路第一个时间段最长距离约为 3 730.5 km，最短距离约为 1 099.6 km。

方位角、仰角和距离一起显示，尤其是在图中显示时，三个参数同时给出比较乱，可以建立新的报告项或图表项，如图 5-26 所示。鼠标放在"Style"下的第三个图标上，会显示"Create new report style"，单击后会在列表框的"My Styles"下方新增加"New Report"项。选中"New Report"后右击，选择"Rename"，重新命名为"Range"。单击第四个图标，会显示"Create new graph style"，单击后会在列表框的"My Styles"下方新增加"New Graph"项，如图 5-26 所示，将其重新命名为"Range"。

新建"Range"项后，需要对其属性进行修改，选择"Range"项，鼠标单击"Style"下的第一个图标，会显示"Properties"窗口，如图 5-27 所示。单击 Access AER Data 左侧的"+"，将列出"Access AER Data"涉及的 6 个项目，包含"Azimuth""Elevation""Range""RangeRate""AzimuthRate""ElevationRate"。

图 5 - 26　新建报告项

图 5 - 27　新建项属性修改

选择"Range"后，单击右侧的"→"按钮，则图表中的"Y Axis"会显示"Access AER Data - Range"，如图 5 - 27 所示。单击"Apply"按钮后，该"Range"项会显示链路的距离。选择"My Style"下的 Range，单击"Generate…"按钮后，产生北京站与 LEO 卫星链路的距离，如图 5 - 28 所示。

图 5 – 28 北京 – LEO 链路距离

2. 自由空间传播损耗的仿真

打开 STK 仿真软件，新建一个 STK 仿真场景，按照前面介绍的方法建立一个北京站和一颗低轨道卫星（1 000 km，45°倾角）。北京站下插入一个 Transmitter，LEO 卫星插入一个 Receiver。选择北京站，从"Insert Default Object"中选择"Transmitter"插入，如图 5 – 29 所示。选择 LEO 卫星，从"Insert Default Object"中选择"Receiver"插入。

图 5 – 29 插入"Transmitter"

建立一个"Chain"对象，重命名为"Beijing – LEO"，将"Transmitter"和"Receiver"添加进链路对象，建立一条从北京站的发射天线到 LEO 卫星的接收天线的星地链路，如图 5 – 30 所示。发射机和接收机采用默认的设置，工作频率均为 14.5 GHz。

图 5 – 30　建立发射机和接收机间的星地链路

选择"Beijing – LEO"链路后，右击，选择"Report & Graph Manager…"，如图 5 – 31 所示。弹出如图 5 – 32 所示的窗口。选择右侧的"My Styles"后，鼠标放在上方的第四个图标 上，会显示"Create new graph style"，单击后会产生一个新的图表项"New Graph"。单击后会弹出"Graph Style – New Graph"窗口，如图 5 – 33 所示。

图 5 – 31　选择"Report & Graph Manager…"

在图 5 – 33 中单击"Link Information"左侧的"+" ，会以下拉列表的形式显示所有的选择，如"Link Name""EIRP""Range""Free Space Loss"等。选择"Free Space

图 5 – 32　新建链路传播损耗的图表项

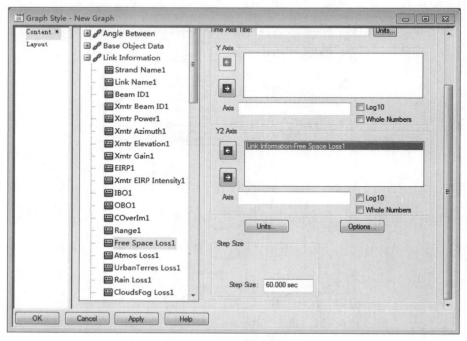

图 5 – 33　设置图表类型

Loss"，单击中间的 ▶ 按钮后，右侧的"Y Axis"会显示添加了"Link Information – Free Space Loss1"。单击左下方的"Apply"按钮，则该图表项将会产生链路的自由空间传播损耗图。可以重命名该图表项的名称为"Loss"。单击"OK"按钮关闭该窗口。

　　在图 5 – 32 中，选择新建立的"Loss"选项后，单击图中右下方的"Generate…"按钮，则会产生该链路的自由空间传播损耗，如图 5 – 34 所示。横坐标为仿真时间，纵坐标为刚才设置的"Free Space Loss"。由图可以分析，随着卫星在轨道上的运行及地球站随地球自转，二者之间的距离发生变化，从而使其自由空间传播损耗发生变化。有的时间段由于地球遮挡等原因无法建立链路，不存在传播损耗的问题。

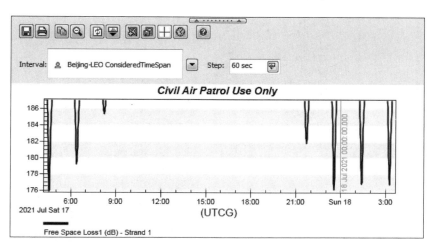

图 5 – 34　"Free Space Loss1"图

3. 载噪比仿真

　　选择"Beijing – LEO"链路后，右击，选择"Report & Graph Manager…"，弹出如图 5 – 32 所示窗口。选择右侧的"My Styles"后，鼠标放在上方的第三个图标上，会显示"Create new graph style"，单击后会产生一个新的图表项"New Report"，可以对图表项重命名，如修改名称为 CN。单击后弹出窗口，可以修改新图表项的属性，如图 5 – 35 所示。

　　单击"Link Information"左侧的"＋"按钮，会以下拉列表的形式显示所有的选择，图 5 – 35 中选择"C/N1"，单击中间的"→"按钮，则"Report Contents"下会显示"Link Information – C/N1"，单击"Apply"按钮和"OK"按钮后即可创建一个新的报告项，可以重命名为"CN"。注意，在重命名时，不支持"/"，因此不能命名为"C/N"。单击右下角的"Generate…"按钮，即可产生该链路的载噪比报告，如图 5 – 36 所示。

　　载噪比与发射机及接收机的具体参数有关，这里采用默认的参数值，发射机工作频率为 14.5 GHz，有效全向辐射功率 EIRP 为 30 dBW；接收机的工作频率为 14.5 GHz，接收系统品质因数 G/T 为 20 dB/K。

图 5 - 35　设置报告类型

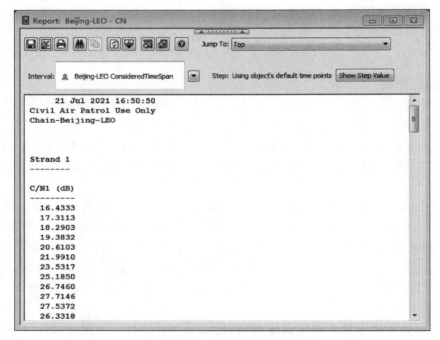

图 5 - 36　载噪比报告

习　题

1. 简答接收系统品质因数的概念和意义。

2. 概述雨衰的影响因素。

3. 无线电波的传播方式有哪些？

4. 简答自由空间传输损耗公式并分析其意义。

5. 天线噪声主要类型有哪些？

6. 若地球站和卫星之间的距离是 600 km，一静止轨道卫星通信链路的上行频率为 18 GHz，计算：

（1）上行链路的自由空间传输损耗。

（2）假设［EIRP］是 50 dBW，接收天线增益是 40 dB，则接收信号功率是多少？

7. 卫星转发器带宽为 200 kHz，在室温情况下，其热噪声功率为多少？

8. 卫星系统收发天线的增益均为 10 dB，发射功率为 200 W，工作频率为 8 GHz，轨道高度 600 km，线路损耗为 53 dB，室温条件，求卫星接收机的载波功率与噪声温度之比。

9. 卫星转发器带宽为 36 MHz，要求在地球站接收端提供的 C/N 值为 15 dB。给定总的传输损耗为 200 dB，接收地球站的 G/T 值为 30 dB/K，计算所需要的卫星 EIRP。

10. 工作频率为 8 GHz 的卫星链路，其接收机馈线损耗为 2 dB，自由空间损耗为 200 dB，大气吸收损耗为 0.2 dB，天线指向损耗为 0.3 dB，去极化损耗可以忽略。计算链路损耗。

11. 在 STK 中如何建立星地链路？能够开展哪些性能分析？

12. 利用 STK 仿真静止轨道通信卫星（定点 10°E）和低轨道卫星（1 000 km，45°倾角）的星间链路，并分析链路间的自由空间传播损耗。

第 6 章
卫星通信体制

通信系统的任务是传输有用信息的信号。通信体制指的就是通信系统所采用的信号传输方式，也就是根据信道条件及通信要求，在系统中采用的是什么信号形式，以及怎样进行传输。由于卫星通信具有广播和宽覆盖的特点，卫星通信体制除了具有一般通信系统中涉及的调制方式、差错控制方式外，还需考虑多个地球站之间的通信（即多址连接）。

本章首先介绍相移键控 PSK、频移键控 FSK 和 QAM 调制方式，接着阐述了主要的差错控制方式，以及线性分组码、循环码、卷积码、Turbo 码和 LDPC 码等差错控制编码，分析了频分多址、时分多址、码分多址以及空分多址等多址技术。

6.1 调制方式

一个通信系统的质量很大程度上要依赖于所采用的调制方式，调制的目的是使信号特征与信道特征相匹配，将基带信号通过调制转变为适合信道有效传输的信号形式，在接收端通过解调恢复为基带信号。调制方式的选择由系统的信道特性决定，不同类型的信道特性要采用不同类型的调制方式。卫星通信中，调制是将卫星通信终端待传输的模拟或数字信号变换为适合在信道传输的信号的过程。对调制信号的接收，在接收端要根据传输系统采用的调制方式对信号进行解调。解调是调制的逆过程，即从接收机接收到的射频信号中还原发送端发出的原始信号。调制方式主要有数字调制和模拟调制两种。目前，卫星通信中普遍采用数字调制。数字调制方式主要有振幅键控（Amplitude Shift Keying，ASK）、相移键控（Phase Shift Keying，PSK）、频移键控（Frequency Shift Keying，FSK）三种方式。一般来说，信号功率越大、调制阶数越低，抗噪声性能越好，但是相应的功率效率和频谱效率就会降低。所以，在选择通信系统的调制方式时，要考虑通信系统的传输业务和传输信道条件，从抗噪声性能、频带利用率、实现复杂度等方面综合考量。

考虑到卫星系统具有功率受限和频率受限特点，一般来说，在选择调制方式时，遵循以下原则：

①尽量不选择幅度调制，幅度调制相较于相位调制和频率调制，抗干扰性能较差，而卫星通信信道存在非线性和幅/相转换效应。

②选择频率效率高并且具有抗衰落和抗干扰性能好的调制方式。

③采用旁瓣功率低的调制方式，以减少临近信道干扰。

基于上述考虑，在卫星通信系统中所采用的调制方式是 PSK、FSK 及以它们为基础的其他调制方式。功率效率较高的常用调制方式有 BPSK（Binary Phase Shift Keying）、QPSK（Quadrature Phase Shift Keying）、OQPSK（Offset QPSK）、π/4 – DQPSK（Differential Quadrature Phase Shift Keying）、BFSK（Binary Frequency Shift Keying）、MSK（Minimum Shift Keying）、GMSK（Gaussian Filtered MSK）等；频谱效率较高的常用调制方式有 8PSK、16QAM（Quadrature Amplitude Modulation）、16APSK（Absolute Phase Shift Keying）等。

6.1.1　相移键控调制方式

相移键控调制 PSK 是用数字基带信号对载波相位进行调制传递信息，载波的振幅和频率参数不承载信息。相移键控调制的阶数决定了载波相位有多少种可能的取值。通常将调制阶数为 M 的相移键控调制方式记为 MPSK（Multiple Phase Shift Keying），此时载波相位有 M 种可能的取值，这 M 个可能的取值构成一个符号集。每一个符号周期内，根据输入信息序列与符号集的映射关系，载波相位取对应的符号值。由于相移键控调制的对象是载波相位，所以调制不会对载波包络产生影响，它是一种恒包络调制方式。恒包络信号在非线性信道中传输具有较好的性能，在卫星通信中常选择 PSK 调制方式。

MPSK 调制信号的数学模型如下：

$$s(t) = \text{Re}\{u(t)\exp\text{j}(2\pi f_c t + \varphi_k + \lambda)\}, \quad (k-1)T_s \leqslant t \leqslant kT_s \qquad (6.1)$$

式中，$u(t)$ 是基带脉冲成型信号（如矩形脉冲、高斯脉冲、根升余弦脉冲等）；f_c 是载波频率；$\varphi_k = 2\pi(k-1)/M(k=1,2,3,\cdots,M)$ 是调制符号；λ 是载波的初始相位；T_s 是符号间隔。在信号分析时，为简化分析过程，通常取 $\lambda = 0$。如果调制的比特流用 $\{a_k\}$ 表示，则 M 不同时，φ_k 与 $\{a_k\}$ 有不同的对应关系，这种对应关系称为相位逻辑。随着 M 数的增加，调制信号的频谱效率增加，抗噪声性能下降。下面介绍几种卫星通信中常用的 PSK 调制方式。

1. BPSK 与 QPSK

当 $M = 2$ 时，就是 BPSK 信号；当 $M = 4$ 时，是 QPSK 信号。BPSK 和 QPSK 是最常见的相位调制方式。对于 BPSK 信号，相位符号只有两种取值：$\varphi_k \in \{0, \pi\}$，它与调制器输入的"0""1"序列之间对应关系是：当调制器输入"0"时，对应的载波相位值取 0；当调制器输入"1"时，对应的载波相位值取 π。为便于分析，$u(t)$ 采用幅度为 A、宽度为 T_s 的单极性非归零矩形脉冲。由式（6.1）可得 BPSK 调制信号的数学表达式如下：

$$s(t) = u(t)\cos(2\pi f_c t + \varphi_k) \qquad (6.2)$$

信息比特为"0""1"时的调制信号为：

$$s_1(t) = A\cos(2\pi f_c t), \quad \varphi_k = 0 \qquad (6.3)$$

$$s_2(t) = -A\cos(2\pi f_c t), \quad \varphi_k = \pi \qquad (6.4)$$

BPSK 调制器的方框图如图 6 - 1 所示。

先对调制器输入的"0""1"数据流 $\{a_k\}$ 做双极性变换，得到双极性的矩形脉冲信号。从信号的频域特性角度分析，矩形脉冲的能量在频域是无限展宽的，而实际的通信信道一般都是带陷信道，若直接使用矩形脉冲信号传输信息，会带来两方面问题：

图 6-1　BPSK 调制器方框图

一是信号带宽大，频谱利用率不高，还会带来临近信道干扰；二是信号带宽过大，硬件较难实现。因此，在双极性变换后，要加入一个带陷成型滤波器 $H_T(f)$，将信号能量集中在主瓣内，限制基带信号带宽，提高频谱效率，降低临近信道干扰。成型滤波后的信号对载波 $\cos(2\pi f_c t)$ 进行调制，得到调制输出信号 $s(t)$。成型滤波器的选择应满足无码间串扰的发送滤波器特性。

QPSK 调制的符号集包含四个相位值 $\varphi_k \in \left\{ 0+\theta, \dfrac{\pi}{2}+\theta, \pi+\theta, \dfrac{3\pi}{2}+\theta \right\}$，通常取 $\theta = 0$ 或 $\theta = \dfrac{\pi}{4}$。如取 $\theta = \dfrac{\pi}{4}$，则 QPSK 信号的相位取值为 $\varphi_k \in \left\{ \dfrac{\pi}{4}, \dfrac{3\pi}{4}, -\dfrac{3\pi}{4}, -\dfrac{\pi}{4} \right\}$。将调制器输入的"0""1"序列每两位分成一组与相位符号集中的元素一一对应，完成载波相位的选取。BPSK 和 QPSK 的相位映射关系见表 6-1。

表 6-1　BPSK 和 QPSK 的相位映射关系

BPSK		QPSK	
a_k	φ_k	$a_{2k}a_{2k-1}$	φ_k
		00	$-3\pi/4$
		01	$-\pi/4$
0	0	10	$3\pi/4$
1	π	11	$\pi/4$

从信号相位分布的角度看，BPSK 和 QPSK 调制信号的相位转移状态可由图 6-2 和图 6-3 表示，此图也称为调制信号的星座图。

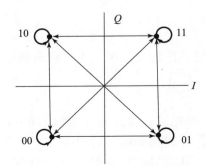

图 6-2　BPSK 信号星座图　　　　**图 6-3　QPSK 信号星座图**

比较 QPSK 和 BPSK 星座图可以看出，QPSK 信号可以看作是两路正交的 BPSK 信号的合成，可以表示为

$$s(t) = u_{2k}(t)\cos(2\pi f_c t) + u_{2k-1}(t)\sin(2\pi f_c t) \tag{6.5}$$

参考图 6-1 的 BPSK 调制器结构，QPSK 调制器结构框图如图 6-4 所示。

图 6-4　QPSK 调制器方框图

对应地，接收端 BPSK 和 QPSK 的解调器框图如图 6-5 所示。

图 6-5　QPSK 解调器方框图

接收信号先经过带通滤波器滤除带外噪声，然后利用载波恢复模块产生与接收载波同频同相的载波信号，并利用恢复的载波对接收信号做下变频处理，再经过匹配滤波器滤除高频分量，就得到基带信号。接着通过位定时抽样判决，得到两路"0""1"序列，最后经并串变换输出解调出的数据序列。这里的接收成型滤波器应具有与发送成型滤波器匹配的无码间串扰滤波特性，使接收的基带信号具有最大信噪比。

从上述分析中可知，BPSK 每个符号带有 1 位信息，QPSK 每符号带有 2 位信息，所以 QPSK 的频谱效率是 BPSK 的 2 倍。同时，QPSK 可看作是两路正交的 BPSK 信号的合成，所以 QPSK 与 BPSK 调制信号在相同的比特信噪比下，具有相同的误码性能，因此

QPSK 在实际系统中应用较多。在实际应用中，QPSK 载波恢复提取出的相干载波初始相位有 4 种可能，使得解调器存在相位模糊现象。解决相位模糊的方法有两种：一种是对数据分组，每组数据加同步序列，专用于载波相位同步；另一种是采用差分相位调制方式。此外，QPSK 调制还存在相位跳变较大的问题。由图 6 – 3 可以看出，QPSK 的相位转移有四种可能：$\left\{0,\ \dfrac{\pi}{2},\ \pi,\ -\dfrac{\pi}{2}\right\}$，最大相位跃变可达 π。相位跳变会使频谱成分复杂，高频分量增加，经成型滤波后，基带信号包络起伏较大。而非恒包络信号经过非线性信道，会产生幅度/相位转换效应，引入相位噪声。

2. OQPSK

OQPSK（Offset QPSK）全称是偏置正交相移键控，它是基于 QPSK 形成的。如前所述，QPSK 的最大相邻码元相位跳变为 π。这意味着调制信号包络存在过零点现象，信号包络起伏较大，经卫星信道的非线性及 AM/PM 效应影响，引入相位噪声，严重时影响系统通信质量。在系统设计时，应尽可能控制信号包络起伏。对于相位调制，控制包络起伏主要是控制相邻码符号相位的跃变大小，但码元符号是随机出现的，很难对其直接控制。OQPSK 在 QPSK 调制基础上，将调制信号正交分量的两个码元在时间上错开半个符号周期，这样相邻调制符号最多仅有 1 位不同，最大相位差为 $\dfrac{\pi}{2}$，从而达到降低包络起伏的目标。OQPSK 调制器的原理方框图如图 6 – 6 所示，OQPSK 解调器的原理方框图如图 6 – 7 所示。与 QPSK 调制解调器相比，在 Q 支路增加了 $T_s/2 = T_b$ 的延时器。

图 6 – 6　OQPSK 调制方框图

图 6 – 8 所示是 OQPSK 信号相位转移图。从相位转移图可以推断 OQPSK 相较于 QPSK 信号，包络起伏最大值可降低 70% 左右。

OQPSK 虽然解决了 QPSK 信号相邻符号相位跃变大引起的包络起伏较大的问题，但 OQPSK 相干解调与 QPSK 相干解调一样，仍存在相位模糊的问题。

3. $\pi/4$ – DQPSK

如前所述，QPSK 在解调中，由于载波提取的初始相位不确定，会产生相位模糊现象，通常采用差分编码方式解决相位模糊问题。

图 6 - 7　OQPSK 解调方框图

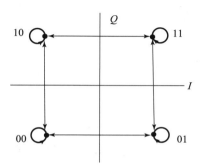

图 6 - 8　OQPSK 信号相位转移图

π/4 - DQPSK 是 QPSK 的改进型，它在 QPSK 的基础上增加了两项操作：一是已调信号从相互偏移 π/4 的两个 QPSK 信号星座图中选取；二是星座图中信号点的选取满足差分相位编码规则。π/4 - DQPSK 信号的星座图及相位逻辑如图 6 - 9 和表 6 - 2 所示。π/4 - DQPSK 信号包络起伏的最大值约为 QPSK 信号包络起伏最大值的 60%。

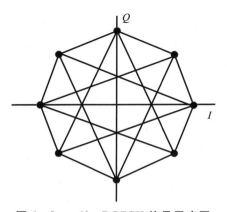

图 6 - 9　π/4 - DQPSK 信号星座图

表 6 – 2　π/4 – DQPSK 信号的相位逻辑

$a_{2k}a_{2k-1}$	$\Delta\varphi_k = \varphi_k - \varphi_{k-1}$
00	$-3\pi/4$
1	$3\pi/4$
11	$\pi/4$
10	$-\pi/4$

π/4 – DQPSK 的调制解调器方框图如图 6 – 10 所示。

图 6 – 10　π/4 – DQPSK 的调制解调器方框图

图 6 – 10 中，U_k、V_k 具有单极性不归零波形，其数学表达式如下：

$$U_k = U_{k-1}\cos\Delta\varphi_k - V_{k-1}\cos\Delta\varphi_k$$
$$V_k = U_{k-1}\sin\Delta\varphi_k + V_{k-1}\sin\Delta\varphi_k$$

(6.6)

式（6.6）为 π/4 – DQPSK 的一个基本关系式。它表明前一码元两正交信号 U_{k-1}、V_{k-1} 与当前码元两正交信号 U_k、V_k 之间的关系。它取决于当前码元的相位跳变量 $\Delta\varphi_k$，当前码元相位的跳变量取决于相位编码器的输入，它们的关系见表 6 – 2。

π/4 – DQPSK 可以用相干解调方法，也可以用非相干解调方法。相干解调方式与 QPSK 相干解调类似，在 QPSK 相干解调后，增加差分译码模块即可。π/4 – DQPSK 的非相干解调模式有三种：基带差分检测方式、中频差分检测方式及鉴频检测方式。

6.1.2　频移键控调制方式

频移键控方式 FSK 是用载波的频率携带信息，通用的缩写形式为 MFSK（Multiple Frequency Shift Keying）。MFSK 信号的载波频率共有 M 种可能的取值，每一个载波频率对应着 M 个符号集中的一个符号，在某一个符号间隔内载波的频率取该符号对应的频率值。调制的过程就是将待传输的符号映射为相应的载波频率值，解调的过程是将载波频率值反变换为所传输的符号。当 $M = 2$ 时，就是最基本的 BFSK 调制。

由于频率在时间上的积分就是相位，所以载波频率的变化也对应着载波相位的变化。当载波频率发生跳变时，可以通过某种方式控制载波的相位，使其具有连续或者非连续特性。对已调信号来说，其载波相位跳变量越小越好，最好是连续的。因此，载波相位连续的频率调制方式的性能优于载波相位不连续的频率调制方式，只是实现的复杂度略高。目前使用较多的频移键控调制方式是最小频移键控 MSK 和高斯滤波最小频移键控 GMSK，它们都是相位连续的频移键控方式。

1. MSK

FSK 调制方式中，将调制频率间隔 Δf 与符号速率 f_s 的比值称作调制指数 h，$h = \dfrac{\Delta f}{f_s} = \Delta f T_s$，$T_s$ 是符号周期。调制指数反映了调制信号的频带利用效率。调制指数越高，调制频率间隔相较于符号速率越大，频带利用效率越低；调制指数越低，调制频率间隔相较于符号速率越小，频带利用效率越高。为保证各已调符号满足正交性，$\Delta f = \dfrac{n}{2T_s}$（$n$ 为正整数）。在满足正交性的条件下，当 $n = 1$ 时，调制频率间隔最小，频谱利用率最高，此时调制指数 $h = 0.5$。当调制阶数 $M = 2$，调制指数 $h = 0.5$ 时，称这种连续相位 FSK 调制为最小频移键控调制（MSK）。

在一个符号间隔 T_s 内，MSK 信号可表示为

$$s(t) = A\cos\left(2\pi f_c t + \frac{\pi}{2T_s}u_k t + \theta_k\right), \quad (k-1)T_s \leqslant t \leqslant kT_s \tag{6.7}$$

式中，A 是载波信号幅度；f_c 是未调载波频率；$u_k = \pm 1$，是当前时刻传输的调制符号；T_s 为符号宽度；θ_k 为当前码符号的初相角，它的取值决定了调制信号相位是否连续。θ_k 的取值与已传输的信息符号相关。

$$\theta_k = \theta_{k-1} + (u_{k-1} - u_k) \cdot \frac{(k-1)\pi}{2}, \quad k = 1, 2, \cdots \tag{6.8}$$

令初始相位 $\theta_0 = 0$，符号映射关系为 "0"→"−1" 及 "1"→"1"，那么在一个符号间隔 T_s 内，若传输的符号为 "1"，则信号的相位线性增加 $\dfrac{\pi}{2}$；若传输的符号为 "−1"，则信号的相位线性减少 $\dfrac{\pi}{2}$。相邻符号不存在相位跃变现象。一个已知输入序列为 11010010，那么该序列 MSK 调制信号的相位轨迹如图 6−11 所示。

为不失一般性，令信号幅度 $A = 1$，并对式（6.7）做三角等式变换，得：

$$s(t) = I(t)\cos(2\pi f_c t) - Q(t)\sin(2\pi f_c t)$$

$$I(t) = \cos\theta_k\cos\frac{\pi}{2T_s}t \tag{6.9}$$

$$Q(t) = u_k\cos\theta_k\sin\frac{\pi}{2T_s}t$$

对比式（6.9）和 QPSK 调制信号表达式（6.5），两者具有相同的信号表达形式，MSK 也可采用正交调制方式实现。待传输信息承载于 u_k 和 θ_k 中，将 $\cos\theta_k$、$u_k\cos\theta_k$ 视为同相支路和正交支路的数据，$\cos\dfrac{\pi}{2T_s}t$、$\sin\dfrac{\pi}{2T_s}t$ 为两路数据的脉冲加权波形。

由式（6.8）可得出：

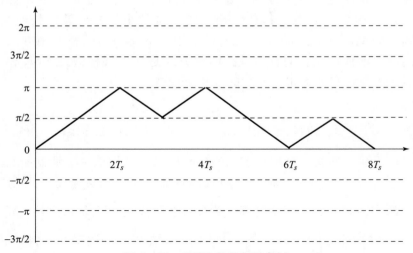

图 6 – 11　MSK 信号相位轨迹

$$\cos\theta_{2k+1} = \cos\theta_{2k} \tag{6.10}$$

$$u_{2k}\cos\theta_{2k} = u_{2k-1}\cos\theta_{2k-1} \tag{6.11}$$

上式可进一步转化为

$$u_{2k+1}\cos\theta_{2k+1} = \begin{cases} u_{2k}\cos\theta_{2k}, & u_{2k+1} = u_{2k} \\ -u_{2k}\cos\theta_{2k}, & u_{2k+1} \neq u_{2k} \end{cases} \tag{6.12}$$

$$\cos\theta_{2k-1} = \begin{cases} \cos\theta_{2k}, & u_{2k-1} = u_{2k} \\ -\cos\theta_{2k}, & u_{2k-1} \neq u_{2k} \end{cases} \tag{6.13}$$

式（6.10）和式（6.13）表示同相支路的数据，式（6.11）和式（6.12）表示正交支路的数据。由式（6.9）~式（6.13）可知，同相支路和正交支路数据的周期均为 $2T_s$，同相支路的数据转换发生在 $t = (2k+1)T_s$ 处，正交支路的数据转换发生在 $t = 2kT_s$ 处。所以两个支路上的数据互相偏移了 T_s。

MSK 调制器的方框图如图 6 – 12 所示。

图 6 – 12　MSK 调制器方框图

MSK 信号属于数字频率调制信号，因此，可以采用一般鉴频器方式进行解调，其原理图如图 6 – 13 所示。鉴频器解调方式结构简单，容易实现。

图 6 – 13　MSK 鉴频器解调原理图

由于 MSK 信号调制指数较小，采用一般鉴频器方式进行解调误码率性能较差，一般采用相干解调方式。图 6 – 14 是 MSK 信号相干解调器原理图。

图 6 – 14　MSK 信号相干解调器原理图

2. GMSK

MSK 调制信号虽然具有连续相位特性，但在一个符号周期内，信号相位是线性增加或线性减少的，信号相位的一阶导数是不连续的，带外功率衰减非常有限。为进一步提升信号功率谱特性，需要使调制信号的相位路径更加平滑。比较有效的方法是在调制前对基带信号进行预滤波，使得滤波后的信号是高阶可导的。常用的预滤波器是高斯滤波器。这种采用高斯滤波器对基带信号进行预滤波的 MSK 调制方式称为 GMSK。为降低调制信号的带外辐射，使功率谱更加紧凑，在选择高斯滤波器时，应考虑以下因素：

①为抑制高频分量，高斯滤波器应具有窄带陡降属性。

②为防止过大的瞬时频偏，滤波器冲激响应过冲要小。

③为保证调制指数为 0.5，滤波器输出脉冲相应曲线下的面积对应于一个比特内的载波相移 $\dfrac{\pi}{2}$。

高斯滤波器的时域脉冲响应和频域传输函数为

$$\begin{cases} h(t) = \sqrt{\dfrac{\pi}{\alpha}}\exp\left(\dfrac{\pi^2}{\alpha^2}t^2\right) \\ H(f) = \exp(-\alpha^2 f^2) \end{cases} \tag{6.14}$$

式中，$\alpha B_b = \sqrt{\dfrac{2}{\ln 2}}$，其中，$B_b$ 是滤波器的 3 dB 带宽。

GMSK 调制中，高斯滤波器的 3 dB 带宽 B_b 与基带信号速率 R_s 的比值是非常重要的一个参数，$B_b/R_s = B_bT_s$。这个参数的大小决定了高斯滤波器对基带信号高频成分的抑制能力。

当 $B_bT_s \geqslant 1$ 时，表示高斯滤波器带宽大于基带信号符号速率。B_bT_s 越大，则表示高斯滤波器在基带信号频域内越平坦，其抑制基带信号高频分量的能量越弱。当 $B_bT_s \to \infty$ 时，GMSK 即退化为 MSK。

当 $B_bT_s < 1$ 时，表示高斯滤波器带宽小于基带信号符号速率，其对基带信号高频分量具有抑制能力。B_bT_s 越小，这种抑制能力越强，输出信号能量越集中。

基带信号经高斯滤波后，虽然频谱效率提升了，但同时会引入码间串扰，影响信号传输性能，其大小与 B_bT_s 成反比。

GMSK 调制器有两种实现方案。一种是直接调频方案，结构如图 6-15 所示。

图 6-15　GMSK 调制原理方框图

如果高斯滤波器的输入用 $u(t)$ 来表示，输出用 $g(t)$ 表示，则

$$g(t) = u(t) * h(t) \qquad (6.15)$$

GMSK 信号的表达式为

$$s(t) = \cos(2\pi f_c t + \phi(t)) \qquad (6.16)$$

式中，

$$\phi(t) = \frac{\pi}{2T_s} \int_{-\infty}^{t} \sum_k a_k g(\tau - kT_s) \mathrm{d}\tau \qquad (6.17)$$

式中，a_k 为输入数据；$g(t)$ 是无限长的，为了物理可实现，需对其进行截短。

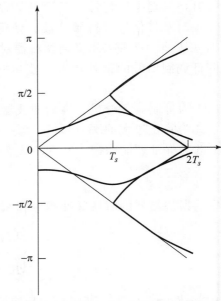

图 6-16　GMSK 信号的相位路径

高斯滤波器的输出脉冲经 MSK 调制得到 GMSK 信号，其相位路径由脉冲的形状决定，或者说在一个码元内，已调波相位的变化取决于其间脉冲的面积。由于高斯滤波后的脉冲无陡峭沿，也无拐点，因此，其相位路径得到进一步平滑，如图 6-16 所示。

由于相邻脉冲间有重叠，因此，在决定一个码元内的脉冲面积时，要考虑相邻码元的影响。这样，在不同的码流图案下，会使一个码元内脉冲面积不同，因而对应的相位路径也不同。

另外一种调制方案是正交调制。由式（6.16），GMSK 信号可以表示为正交形式，即

$$s(t) = \cos\phi(t)\cos 2\pi f_c t - \sin\phi(t)\sin 2\pi f_c t$$

$$(6.18)$$

式中，$\phi(t)$ 的表达式见式（6.17）。由此可以构成一种波形存储正交调制器，波形存储正交调制器的优点是避免了复杂的滤波器设计和实现，可以产生具有任何特性的基带脉冲波形和已调信号。

　　GMSK 信号解调方式常用的有一比特延迟差分检测和二比特延迟差分检测方法，它们的原理框图如图 6 – 17 和图 6 – 18 所示。

图 6 – 17　一比特延迟差分检测器框图

图 6 – 18　二比特延迟差分检测器框图

6.1.3　QAM 调制方式

　　正交幅度调制（QAM）是一种将幅度调制和相位调制相结合的调制方式，在幅度和相位两个维度上对信号进行调制，多进制的 QAM 表示为 MQAM（Multiple Quadrature Amplitude Modulation）。QAM 调制方式具有很高的频谱利用率，而且随着进制数的增加，频带效率随之增高。相同调制阶数条件下，QAM 调制信号的抗噪声能力一般优于 PSK 调制信号。由于 QAM 是幅度调制和相位调制的结合，所以其兼有幅度调制和相位调制的特性。从幅度调制的角度分析，MQAM 调制信号包络不稳定，不适用于衰落信道传输。卫星信道中，信号直射分量起主导作用，衰落效应较弱。QAM 以其高频谱效率和高抗噪性能，在高速率传输业务应用中受到人们青睐。

　　MQAM 调制信号的一般表达式为

$$s(t) = A_m\cos\omega_c t + B_m\sin\omega_c t, \quad 0 \leqslant t \leqslant T_s \tag{6.19}$$

式中，T_s 为码元宽度；A_m 和 B_m 是离散振幅值，$m = 1, 2, \cdots, M$。

　　由上式可以看出，已调信号是由两路相互正交的载波叠加而成的，两路载波分别被两路离散的振幅 A_m 和 B_m 所调制，因而称为正交幅度调制。QAM 调制和相干解调的原理框图如图 6 – 19 和图 6 – 20 所示。其调制解调原理与 QPSK 调制方式的类似。

6.2　差错控制

　　差错控制是指当信道差错率达到一定程度时，必须采取的用于减少差错的措施。卫星通信环境的特点决定了其信道传输特性不理想，而且信道中存在各种干扰噪声，因

图 6 – 19　QAM 调制器框图

图 6 – 20　QAM 解调器框图

此，在卫星通信系统传输数据时，不可避免地会在接收数据时产生差错，在卫星通信系统设计时，需要考虑差错控制，以保证系统传输质量。

6.2.1　差错控制方式

差错控制可以分为三大类：自动请求重发（Automatic Repeat Request，ARQ）、前向差错控制（Forward Error Correction，FEC）、混合纠错（Hybrid Error Correction，HEC）。

自动请求重发方式的基本原理是在发送码元序列中加入差错控制码元，接收端利用这些码元检测到有错码时，利用反向信道通知发送端，要求发送端重发，直到正确接收为止，如图 6 – 21 所示。所谓检测到有错码，是指在一组接收码元中知道有一个或一些错码，但是不知道该错码应该怎么纠正。

自动请求重发方式具有很强的纠错能力，它采用的差错控制码的检错能力与信道

图 6 - 21　自动请求重发方式示意图

干扰变化无关，所以它的适应性比较强，而且它只需要检测错误，因此编译码器比较简单。它的不足之处在于：必须有反向信道，收发两端必须相互配合，实时性比较差。

前向差错控制方式的基本原理是接收端利用发送端在发送码元序列中加入的差错控制码元，不但能够发现错码，还能纠正发生错误的码元，使得接收机能够直接纠正信道中发生的错误，如图 6 - 22 所示。

图 6 - 22　前向差错控制示意图

采用前向差错控制方式时，不需要反向信道传送重发指令，接收端可自动发现错误、纠正错误，所以实时性比较好。它的缺点是译码算法比较复杂，所选用的差错控制编码要和信道的干扰情况相匹配，并且通常是以加入冗余信息为代价换取编码增益的。

鉴于自动请求重发方式和前向差错控制方式的不足，将两者进行结合，就形成了混合纠错方式，如图 6 - 23 所示。在这种差错控制方式下，接收端接收到码字后，首先检测错误情况。当差错在码的纠错能力范围之内时，就自动纠错；当差错很多已超出纠错能力，但还能检测出来时，接收端就通过反馈信道，请求重发。混合纠错系统的性能及优劣介于前两种方式中间，误码率低，实时性和连续性好，设备不太复杂，在无线通信系统中应用比较广泛。

图 6 - 23　混合差错控制示意图

实现差错控制的关键是选取具有纠错或检错能力的差错控制编码。差错控制编码也称信道编码。基于信道编码能使通信系统在资源、可靠性和信息传输速率之间选择一个好的工作点，资源指提供信息传输所付出的代价，包括频率、时间、空间、功率等。一个好的编码就是要充分利用资源，在单位时间内传递尽可能多的信息。其实质是利用冗余降低差错概率，提高系统传输可靠性。信道编码的作用包括：给定资源和可靠性要求，通过信道编码尽量提高传输速率；给定对信息传输的速率和可靠性要求，通过信道编码尽量减少资源开销；给定资源和传输速率，通过编码提高可靠性。

下面介绍几种常用的差错控制编码。

6.2.2 线性分组码

1. 线性分组码定义

分组码是将信息序列每 k 位分为一组，作为信息组码元，再增加 $n-k$ 个多余的码元，又称之为校验元，校验元只由每组 k 个信息元按一定规律产生，而与其他组的信息元无关。把这个分组码标记为 (n,k)，n 是每组码的长度，k 是信息组码元的长度。

线性分组码是指校验元与信息组码元具有线性约束关系的分组码，即可以用一组线性方程组来描述编码码字与信息码组之间的关系。

2. 基本概念

码字：编码器将每组 k 个信息元按一定规律编码，形成长度为 n 的序列，称这个编码输出序列为码字。

编码效率（码率）：信息位长度与编码输出长度的比值，$R=k/n$。它表示信息位数据在编码码字中所占的比例，也表示编码输出码字中每位码元所携带的信息量。

许用码字：任意输入信息码元分组，经编码器编码后输出的码字，称为许用码字。对 (n,k) 线性分组码，许用码字个数为 2^k。

禁用码字：长度为 n 的码空间中，除去许用码字，剩余码字即为禁用码字。

码重：在信道编码中，非零码元的数目称为汉明重量（Hamming Weight），也称为码重，记为 w_c。

码距：两个等长码组之间相应位取值不同的数目称为这两个码组的汉明距离（Hamming Distance），简称码距。记为 $d(c_1,c_2)$，可得 $d(c_1,c_2)=w(c_1-c_2)$。

最小距离：码组集中任意两个码字之间距离的最小值称为最小码距（$d_{\min}$），它关系着这种编码的检错和纠错能力。

①检测 e 个随机错误，则要求码的最小距离 $d_0 \geqslant e+1$。

②纠正 t 个随机错误，则要求码的最小距离 $d_0 \geqslant 2t+1$。

③纠正 t 个同时检测 e 个随机错误，则要求码的最小距离 $d_0 \geqslant e+t+1$。

3. 线性分组码的生成矩阵与校验矩阵

（1）生成矩阵

以（7，3）分组码为例，设其信息元 $\boldsymbol{A}=(a_2 a_1 a_0)$，码字为 $\boldsymbol{c}=(c_6 c_5 c_4 c_3 c_2 c_1 c_0)$，其编码规则以下列线性方程组来描述：

$$\begin{cases} c_6 = a_2 \\ c_5 = \quad\ a_1 \\ c_4 = \quad\quad\ a_0 \\ c_3 = a_2 \quad\quad + a_0 \\ c_2 = a_2 + a_1 + a_0 \\ c_1 = a_2 + a_1 \\ c_0 = \quad\ a_1 + a_0 \end{cases} \qquad (6.20)$$

进一步变化如下：

$$(c_6c_5c_4c_3c_2c_1c_0) = (a_2a_1a_0)\begin{bmatrix} 1 & 0 & 0 & 1 & 1 & 1 & 0 \\ 0 & 1 & 0 & 0 & 1 & 1 & 1 \\ 0 & 0 & 1 & 1 & 1 & 0 & 1 \end{bmatrix} \tag{6.21}$$

令上式中矩阵为：

$$\boldsymbol{G}_1 = \begin{bmatrix} 1 & 0 & 0 & 1 & 1 & 1 & 0 \\ 0 & 1 & 0 & 0 & 1 & 1 & 1 \\ 0 & 0 & 1 & 1 & 1 & 0 & 1 \end{bmatrix} \tag{6.22}$$

称 $\boldsymbol{G}_1$ 是上述（7，3）线性分组码的生成矩阵。

一般情况下，有

$$\boldsymbol{c} = (c_{n-1}c_{n-2}c_{n-3}\cdots c_0) = (a_{k-1}a_{k-2}a_{k-3}\cdots a_0)\begin{pmatrix} g_{1,n-1} & g_{1,n-2} & \cdots & g_{1,0} \\ g_{2,n-1} & g_{2,n-2} & \cdots & g_{2,0} \\ \vdots & \vdots & & \vdots \\ g_{k,n-1} & g_{k,n2} & \cdots & g_{k,0} \end{pmatrix} \tag{6.23}$$

$$\boldsymbol{c} = \boldsymbol{AG} \tag{6.24}$$

式中，$\boldsymbol{G}$ 为生成矩阵，是 $k \times n$ 的矩阵。

生成矩阵用来生成码字，它的 k 个行矢量必须是线性无关的，并且每个行矢量都是一个码字，可以通过初等变换简化成系统形式：

$$\boldsymbol{G} = \begin{bmatrix} \boldsymbol{I}_k & \vdots & \boldsymbol{P} \end{bmatrix}$$

（2）校验矩阵

将式（6.20）改写为：

$$\begin{aligned} c_6 \quad\quad + c_4 + c_3 \quad\quad\quad\quad\quad &= 0 \\ c_6 + c_5 + c_4 \quad\quad + c_2 \quad\quad\quad &= 0 \\ c_6 + c_5 \quad\quad\quad\quad + c_1 \quad\quad &= 0 \\ c_5 + c_4 \quad\quad\quad\quad\quad + c_0 &= 0 \end{aligned} \tag{6.25}$$

用矩阵可表示成：

$$\begin{bmatrix} 1 & 0 & 1 & 1 & 0 & 0 & 0 \\ 1 & 1 & 1 & 0 & 1 & 0 & 0 \\ 1 & 1 & 0 & 0 & 0 & 1 & 0 \\ 0 & 1 & 1 & 0 & 0 & 0 & 1 \end{bmatrix}\begin{bmatrix} c_6 \\ c_5 \\ c_4 \\ c_3 \\ c_2 \\ c_1 \\ c_0 \end{bmatrix} = \begin{bmatrix} 0 \\ 0 \\ 0 \\ 0 \\ 0 \end{bmatrix} = \boldsymbol{0}^{\mathrm{T}} \tag{6.26}$$

式（6.25）、式（6.26）称为一致校验方程。令上式中矩阵为：

$$\boldsymbol{H}_1 = \begin{bmatrix} 1 & 0 & 1 & 1 & 0 & 0 & 0 \\ 1 & 1 & 1 & 0 & 1 & 0 & 0 \\ 1 & 1 & 0 & 0 & 0 & 1 & 0 \\ 0 & 1 & 1 & 0 & 0 & 0 & 1 \end{bmatrix} \tag{6.27}$$

称矩阵 H_1 为上述 (7，3) 线性分组码的一致校验矩阵。由式 (6.26) 可见，线性分组码的校验矩阵大小为 $r \times n$，且有：

$$H \cdot c^{\mathrm{T}} = 0^{\mathrm{T}}$$
$$c \cdot H^{\mathrm{T}} = 0 \tag{6.28}$$

对于系统码形式的线性分组码，其生成矩阵和校验矩阵具有如下形式：

$$G = \begin{bmatrix} I_k \vdots P \end{bmatrix}$$
$$H = \begin{bmatrix} Q \vdots I_r \end{bmatrix} \tag{6.29}$$

式中：

$$P = Q^{\mathrm{T}} \tag{6.30}$$

当得知一个矩阵时，可以快速求取另一个矩阵。校验矩阵反映校验元和信息元之间的校验关系，它不能生成码字，在接收端可以用它来检测或纠正接收码字中的错误。

码组在传输中可能由于干扰而出错，例如发送码组为 A，接收到的码组却是 B，它们都是 n 位码的行矢量，我们就定义 $E = B - A$ 为错误图样。

$$E = (e_{n-1} e_{n-2} e_{n-3} \cdots e_0) \tag{6.31}$$

式中，$e_i = \begin{cases} 0, b_i = a_i \\ 1, b_i \neq a_i \end{cases}$。

定义 $S = BH^{\mathrm{T}}$ 为伴随式，有：

$$S = (A + E)H^{\mathrm{T}} = EH^{\mathrm{T}} \tag{6.32}$$

因此，如果传输无错，S 为零矢量；如果有错误，S 就是一个非零矢量，就能从伴随式确定错误图样，然后从接收到的码字中减去错误图样，即 $A = B - E$，注意这里的加减都是模 2 加运算，就可得到正确的码组了。

应该注意的是，式 (6.32) 的解答不是唯一的。由于 B 是一个 $1 \times n$ 的矩阵，H^{T} 是一个 $n \times r$ 的矩阵，所以 S 是一个 $1 \times r$ 的矩阵，因此它有 2^r 种可能。而错误图样 E 的个数远大于 2^r，因此，必然有多个错误图样对应同一个伴随式 S。而错误图样等于 $B - A$，即与接收到的码组是一一对应的，为了选择正确的结果，要使用最大似然比准则，选择与 B 最相似的 A。从几何意义上来说，就是选择与 B 距离最小的码组，也就是错误图样 E 中"1"码最少的矢量。

6.2.3 循环码

一个 (n, k) 线性分组码，若它的每个码字经过循环移位后也是该码的码字，则称该码为循环码。

码字 $c = (c_{n-1} c_{n-2} c_{n-3} \cdots c_0)$ 的各个分量可以看作是多项式 $c(x)$ 的系数，即

$$c(x) = c_{n-1} x^{n-1} + c_{n-2} x^{n-2} + \cdots + c_1 x + c_0 \tag{6.33}$$

每一项的存在或不存在对应了 n 元码字中相应的位置为 1 或 0，如果 c_{n-1} 非 0，那么多项式的阶数为 $n - 1$。

循环码的所有码字都可以用多项式表示，存在一个且仅有一个 $n - k$ 次码多项式，称为生成多项式，记为 $g(x)$，有：

$$g(x) = g_r x^r + c_{r-1} x^{r-1} + \cdots + g_1 x + g_0 \tag{6.34}$$

式中，$g_r = g_0 = 1, r = n - k$。

（7，4）循环码 c 的生成多项式是 $g(x) = x^3 + x + 1$，对应码字（0001011）。（7，3）循环码的生成多项式 $g(x) = x^4 + x^2 + x + 1$，对应码字（0010111）。

循环码的生成多项式具有以下性质：

①$g(x)$ 是（n, k）循环码 c 中最低次数的非零码多项式，一个次数小于或等于 $n-1$ 次的二元多项式，当且仅当它是 $g(x)$ 的倍数时，才是码多项式。

②所有的码字多项式是生成多项式的倍数。

③（n, k）循环码的生成多项式 $g(x)$ 是 $x^n + 1$ 的因式（$x^n + 1$ 的同次数因式不唯一）。

由循环码的生成多项式可构造循环码。若 $g(x)$ 是一个 $n-k$ 次多项式且是 $x^n + 1$ 的因式，则 $g(x)$ 生成一个（n, k）循环码。循环码构造步骤为：

①对 $x^n + 1$ 做因式分解，找出其 $n-k$ 次因式。

②以该 $n-k$ 次因式为生成多项式，与信息位多项式 $m(x)$ 相乘，即得码多项式 $c(x)$。

循环码的生成矩阵可由生成多项式表示：

$$G(x) = \begin{bmatrix} x^{k-1}g(x) \\ \vdots \\ x^2 g(x) \\ xg(x) \\ g(x) \end{bmatrix} \tag{6.35}$$

如上所述，发送码字多项式 $A(x)$ 是多项式 $g(x)$ 的倍式，如果经过信道传输后发生错误，接收码字多项式 $B(x)$ 不再是 $g(x)$ 的倍式，可表示为：

$$\frac{B(x)}{g(x)} = T(x) + \frac{S(x)}{g(x)} \tag{6.36}$$

或写成 $S(x) = \text{rem}[B(x)/g(x)]$，其中，$S(x)$ 是 $B(x)$ 除以 $g(x)$ 后的余式。$S(x)$ 是不大于 $r-1$ 次的码组多项式，称为伴随多项式或校正子多项式。接收码组多项式 $B(x)$ 可表示为发送码组多项式与差错多项式之和，即 $B(x) = A(x) + E(x)$。则

$$S(x) = \text{rem}\left[\frac{A(x) + E(x)}{g(x)}\right] = \text{rem}\left[\frac{E(x)}{g(x)}\right] \tag{6.37}$$

由 $S(x)$ 就可进一步确定 $E(x)$。对于一个 $S(x)$，$E(x)$ 可能有多种形式。由 $S(x)$ 确定 $E(x)$ 时，同样使用最大似然比准则。对最小码重的差错多项式 $E(x)$，由式（6.37）求出对应的伴随多项式 $S(x)$，将 $E(x)$ 与 $S(x)$ 的对应关系列成译码表。当收到任一码组 $B(x)$ 后，利用 $S(x) = \text{rem}[B(x)/g(x)]$ 求出 $S(x)$，对照译码表找到 $E(x)$，再用 $B(x) = A(x) + E(x)$ 求 $A(x)$，即 $A(x) = B(x) + E(x)$。

循环码在卫星通信中应用较多的是 BCH 码和 RS 码。BCH 码具有纠正多个随机错误的能力，具有非常严谨的数学结构，是目前发现的最好的线性分组码之一。RS 码是一种非二进制的 BCH 码，它有很强的纠错能力，可以很好地纠正突发错误。

6.2.4　卷积码

卷积码一般表示为（n, k, m）的形式，即将 k 个信息比特编码为 n 个比特的码组，m

为编码约束长度，说明编码过程中相互约束的码段个数。卷积码编码后的 n 个码元不仅与当前组的 k 个信息比特有关，还与前 $m-1$ 个输入组的信息比特有关。编码过程中相互关联的码元有 mn 个。编码效率 R 和约束长度 m 是衡量卷积码的两个重要参数，编码效率 $R = k/n$。典型的卷积码一般选 n、k 较小，但 m 值可取较大，以获得简单而高性能的卷积码。卷积码的编码描述方式有很多种：冲激响应描述法、生成矩阵描述法、多项式乘积描述法、状态图描述法、树图描述法、篱笆图描述法等。

篱笆图可以描述卷积码的状态随时间推移而转移的情况。该图纵坐标表示所有状态，横坐标表示时间。篱笆图在卷积码的概率译码，特别是 Viterbi 译码中非常重要，它综合了状态图法直观简单和树图法时序关系清晰的特点。

某（2，1，2）卷积码的逻辑电路图如图 6-24 所示，其对应的编码器篱笆图如图 6-25 所示。

图 6-24 （2，1，2）卷积码编码器

图 6-25 编码器篱笆图

图中实线表示输入 0 时所走分支，虚线表示输入 1 时所走分支，编码时只需从起始状态开始，依次选择路线并读出输出即可。假设从状态 a 开始，输入为 [110100]，则可由图中读出输出为 [11 01 01 00 10 11]。

卷积码编码过程的实质是在输入信息序列的控制下，编码器沿码树通过某一特定路径的过程。显然，译码过程就是根据接收序列和信道干扰的统计特性，译码器在原码树上力图恢复原来编码器所走的路径，即寻找正确路径的过程。卷积码有代数译码、序贯译码、Viterbi 译码等多种译码方法，其中，Viterbi 译码是应用较为广泛的译码方法。

Viterbi 译码是根据接收序列在码的篱笆图上找出一条与接收序列距离（或其他量度）为最小的一种算法。若接收序列为 $R=(010111001001)$，译码器从某个状态，例如从状态 a 出发，每次向右延伸一个分支，并与接收数字相应分支进行比较，计算它们之间的距离，然后将计算所得距离加到被延伸路径的累积距离值中。对到达每个状态的各条路径（有 2 条）的距离累积值进行比较，保留距离值最小的一条路径，称为幸存路径（当有两条以上取最小值时，可任取其中之一），译码过程如图 6-26 所示。图中标出到达各级节点的幸存路径的距离累积值。对给定 R 的译码序列为（11010X）。这种算法所保留的路径与接收序列之间的似然概率为最大，所以又称为最大似然译码。

图 6-26 译码器篱笆图

Viterbi 译码器的复杂性随 m 呈指数增大。实用中，m 不大于 10。卷积码在卫星通信和深空通信中有广泛的应用。

6.2.5 Turbo 码

Turbo 码又称为并行级联卷积码（Parallel Concatenated Convolutional Code，PCCC）。它是一种特殊的级联卷积码，性能接近香农限，在二进制调制时，采用 1/2 码率的 Turbo 码计算机仿真性能距香农信道容量仅差 0.7 dB。它是编码理论中具有里程碑意义的码。

典型的 Turbo 码的编码器为两级级联的卷积码，如图 6-27 所示。它由两个分量卷积码通过一个随机交织器并行级联而成。分量卷积码为递归系统卷积码（Recursive

图 6-27 Turbo 码编码器结构示意图

Systematic Conventional Code，RSC）。输入的信息序列 d 直接进入信道和分量编码器 1（RSC1），分别得到信息位 x_k 和第一个校验位 y_{1k}。同时，将信息序列经交织器处理后送入分量编码器 2（RSC2），得到第二个校验位 y_{2k}。两路校验位经删除截短矩阵处理，得到编码输出的校验位 y_k。y_k 与 x_k 复用得到最终的 Turbo 编码输出。

递归系统卷积码编码器和 6.2.4 节中介绍的卷积码编码器的区别在于移位寄存器的输出端是否存在到信息位输入端的反馈路径。卷积码编码器没有此路径，递归系统卷积码存在此路径。递归系统卷积码编码器的结构如图 6 - 28 所示。

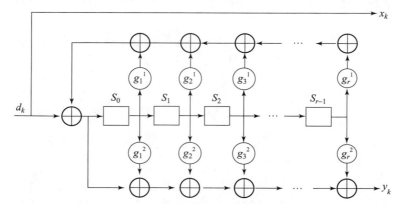

图 6 - 28　递归系统卷积码编码器结构示意图

交织器在 Turbo 码中具有非常重要的作用，对 Turbo 码性能有很大程度的影响。在通信系统中，交织器的作用一般是与信道编码结合来对抗信道突发错误。在 Turbo 码中，交织器除了具备上述功能外，还具有随机化输入信息序列的作用，使得编码输出的码字尽可能随机，以满足香农信道编码定理中对信道码随机性的要求，进而提升 Turbo 码的性能。由于 Turbo 码译码器采用迭代译码方法，在译码过程中要不断地解交织和交织，这将导致较大的译码时延，在选择交织器时要考虑这一因素。常见的交织器有矩阵交织器、卷积交织器。

删除截短矩阵的作用是周期性地删除一些校验元来提高编码效率。删除截短矩阵功能不同，得到的 Turbo 码码率不同，可以通过调整删除截短矩阵来获得期望码率的 Turbo 码。例如，当两个分量码为 1/2 码率的递归系统卷积码时，要想获得 1/2 码率的 Turbo 码，可以交替删除两个分量码输出的校验元，相应的删除截短矩阵为 [10，01]。若要获得 1/3 码率的 Turbo 码，则不对两个分量码输出的校验元做处理，直接输出，相应的删除截短矩阵为 [1，1]。

通常，Turbo 码的分量码可以选择多个，通过多个交织器并行级联构成高位 Turbo 码。Turbo 码编码器的一般结构如图 6 - 29 所示。

Turbo 码的迭代译码方案，与其并行级联编码方案相配合，无论是从编码结构还是译码思路上，都将 Turbo 码看作一个整体的长随机码，因此明显提高了译码性能。迭代译码通过将子译码器 2 的输出信息反馈回子译码器 1，从而使得两个相互独立的译码器充分利用彼此的信息。Turbo 码译码器的结构示意图如图 6 - 30 所示。

图 6 - 29 **Turbo 码编码器的一般结构框图**

图 6 - 30 **Turbo 码译码器结构示意图**

6.2.6 LDPC 码

LDPC（Low - Density Parity - Check）码全称是低密度奇偶校验码，是一种线性分组码。它与 Turbo 码的性能相近，但 LDPC 比 Turbo 码具有更简单的译码结构，也更容易实现。LDPC 码和普通的线性分组码一样，可以用生成矩阵或校验矩阵表示。但 LDPC 与一般的线性分组码又有所不同，主要体现在校验矩阵的属性上。

LDPC 码的校验矩阵是稀疏矩阵，即矩阵中"1"的个数很少，密度很低，任两行（列）之间位置相同的 1 的个数不大于 1。若校验矩阵中，每一行含有 q 个 1，每一列含有 p 个 1，称为规则 LDPC 码；如果各行（列）重量不同，则叫非规则 LDPC 码。一般来说，非规则码性能优于规则码，其抗噪性能甚至优于 Turbo 码。根据校验矩阵中元素值域的不同，还可以将其分为二元域 LDPC 码和多元域 LDPC 码，并且后者性能要优于前者。

LDPC 码通常用 (n,p,q) 表示。在编码时，设计好校验矩阵后，由校验矩阵可以导出生成矩阵。这样，对于给定的信息分组，即可求得编码码组。构造 LDPC 码的方法主要有两大类：伪随机构造法和准循环构造法。伪随机构造法主要考虑的是码的性能，但由于生成矩阵和校验矩阵的规律性较差，因此编译码复杂度较高，在工程中难以应用。准循环构造法通常考虑的是降低编译码的复杂度，在码长比较短的时候更有优势。

LDPC 码的译码方法种类很多，大部分属于消息传递算法，其中置信传播（Belief Propagation，BP）算法具有良好的性能和严格的数学结构，使得译码性能的定量分析成为可能，因此特别受到关注。理论上，非规则 LDPC 码的极限性能比香农限高出 0.004 5 dB，是目前性能最优的一种信道编码方式。它可以在不太高的译码复杂度下达到与 Turbo 码接近的性能，同时也不会存在 Turbo 码所具有的误码率底线。其译码方法本质上是一种并行译码算法，在硬件实现时只有很短的译码时延。因此，LDPC 码非常适合高速信息传输系统，现已成为卫星通信系统信道编码的首选方案。

6.3　多址技术

由于通信卫星距地面很高，覆盖区域广，在其覆盖区内可以有大量的用户终端。在卫星覆盖区内，通过同一颗卫星实现多个用户终端之间互相通信的技术称为多址技术。在多址技术中，将信道资源按照时间、频率、码型、空间等参数分成不同的信道，这些信道间无干扰或干扰可控，并按照一定的规则将这些信道分配给各通信终端。常用的多址连接方式有频分多址（Frequency Division Multiple Access，FDMA）、时分多址（Time Division Multiple Access，TDMA）、码分多址（Code Division Multiple Access，CDMA）和空分多址（Space Division Multiple Access，SDMA）及它们的组合形式。

实现多址连接的关键是对信道资源的合理分配，信道资源在不同的多址技术中的含义有所不同。在频分多址中是指各用户终端占用的转发器频段；在时分多址中是指各用户终端占用的时隙；在码分多址中是指各用户终端占用的码型；在空分多址中是指各用户终端占用的波束。信道资源分配需要考虑通信容量、带宽效率、灵活性等因素。常用的信道资源分配方式有以下三种。

第一种是预分配方式。采用预分配方式，信道资源事先分配给各用户终端，分配原则是业务量大的终端，分配的信道资源多；业务量小的终端，分配的信道资源少，各用户终端只能使用分配给它们的这些特定信道与有关地球站通信，其他地球站不能占用这些信道。采用这种预分配方式的优点：信道是专用的，实施连接比较简单，建立通信快，基本上不需要控制设备。它的缺点也比较明显：使用不灵活，信道不能相互调剂，在业务量较少时信道利用率低。所以它比较适合大容量系统。

第二种是按需分配方式。按需分配方式是一种分配可变的制度，用户根据传输信息的需要申请信道资源，在通信结束后，释放信道资源。这种信道资源分配方式比较灵活，信道资源可以在不同用户之间调剂使用，因此可以支持较多的用户，系统容量大。它比较适合业务量小，但终端用户量比较多的卫星通信网。由于信道资源在不同的终端间调剂切换，所以控制设备比较复杂，并且需要单独的控制信道为各终端申请信道资源服务。

第三种是随机分配方式。它是指通信中各种终端随机地占用卫星信道的一种多址分配制度。这种分配方式常用于数据交换业务。数据通信具有不连续性，通信过程是随机的，如果仍然采用预分配或者按需分配的方式，信道利用率较低。用户终端采用随机占用信道的方式会大大提高信道利用率。但这里会存在不同终端争用信道的问题，因此需要采用措施避免不同终端争用信道而引起的"碰撞"。

多址通信是卫星通信的基本特点，所以卫星通信的技术体制往往以多址方式为代表，下面着重介绍几种最常用的多址方式。

6.3.1　频分多址

当多个地球站共用卫星转发器时，如果根据配置的频率范围的不同来区分地球站的地址，这种多址连接方式就为频分多址（FDMA）（图 6 - 31）。频分多址方式是卫星通信多址技术中一种比较简单的多址方式。它是将通信卫星使用的每一个转发器频带分成若干信道，以一定方式分配给各地球站使用。各个地球站按所分配的频带发送信号，接收端的地球站根据频带识别发信站，并从接收到的信号中提取发给本站的信号。在FDMA 方式中，各载波的射频频率不同，发送的时间虽然可以重合，但各载波占用的频带是彼此严格分开的。

图 6 - 31　频分多址方式示意图

根据是否使用基带信号复用，可分为每载波单路和每载波多路频分多址方式。每载波单路频分多址（Single - Channel Per Carrier，SCPC/FDMA）（图 6 - 32）通常采用按需分配的方式分配信道资源；每载波多路频分多址（Multiple - Channel Per Carrier，MCPC/FDMA）通常采用固定预分配的方式分配信道资源。SCPC/FDMA 方式是在每个载波上只传送一个话音（数据），一个转发器通道可承载数百路话音（数据）信道，一个地球站可以同时发送一个或多个 SCPC 载波。按照信道分配方式，可分为预分配方式和按需分配方式。预分配方式的 SCPC 是将信道固定分配给各个地球站，两地球站通话时各占一条卫星信道。SCPC 一般用于容量较小，站址数较多，总通信业务又不太繁忙的系统。预分配方式的 SCPC 不能充分体现其优越性，一般采用按需分配方式。

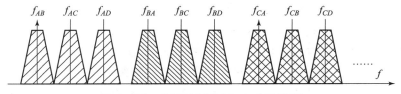

图 6 - 32　SCPC/FDMA 方式示意图

对于 SCPC 这种方式，由于一个载波仅用一路话来调制，而对通话过程所进行的大量统计表明：双方通话时，一方需要听取另一方的讲述；讲话者每句话之间总有一定的间歇，结果，单向话路上仅有 40% 的时间是有话音传递的。利用这个特点，可采用话音激活技术，即不讲话时关闭所用载波，有话音时才发射载波。这样就会节省功率，可以增加通信容量。

此外，由于采用 SCPC 方式时卫星转发器上的一个通道只通一路话，因此，只要在地球站每个 SCPC 设备中接上按申请分配控制器及有关信令设备，就能实现按申请分配，从而提高信道利用率。由于这种系统设备简单、经济灵活、线路易于改动，特别适用于站址多、业务量小的场合应用。但同时也存在一些问题，比如载波数目众多，需要较大的保护频带。对于按需分配方式，还需要额外的网管通路。

在 FDMA 卫星通信系统中，两地球站之间同时进行多个用户电话或数据通信，常常是通过基带信号多路复用来解决的，这种通信方式称为 MCPC/FDMA。比起一个站发多个载波区分地址的方式，通过转发器的载波数要少，因此，这种方式便于进行最佳排列，有利于减少互调。

FDMA 具有以下优点：

①实现简单，技术成熟，成本较低。

②系统工作时不需要网络定时，性能可靠。

③对每个载波采用的基带信号类型、调制方式、编码方式等没有限制。

④大容量线路工作时效率较高。

但是，FDMA 也存在一些缺点：

①转发器要同时放大多个载波，容易形成多个交调干扰，为了减少交调干扰，转发器要降低输出功率，从而降低了卫星通信的有效容量。

②当各站的发射功率不一致时，会发生强信号抑制弱信号的现象，为使大、小载波兼容，转发器功放需要有适当的功率回退（补偿），对载波需做适当排列等。

③需要设置保护带宽，从而确保信号被完全分离开，造成频带利用率下降。

④灵活性小，要重新分配频率比较困难。

6.3.2 时分多址

时分多址（TDMA）是一种数字多址技术，这种多址方式给每一个地面终端分配了互不重叠的时隙，终端必须在规定的时隙内通信，否则可能会对其他终端产生干扰。由于各地面终端是按照时隙划分信道资源的，所以各终端可以使用相同的工作频段，在每个时隙内，转发器工作在单载波状态，所以采用 TDMA 技术可以避免在 FDMA 中因转发器的非线性而引起的互调产物。TDMA 系统模型如图 6-33 所示。

该系统中的各地球站只在规定的时隙内以突发的形式发射它的已调信号，这些信号在通过转发器时在时间上是严格依次排列互不重叠的。整个系统的所有地球站时隙在卫星内占据的整个时间段称为卫星的一个时帧，每帧又分成若干时间段，称为分帧。

一个 TDMA 帧是由一个同步分帧和若干个业务分帧组成的，如图 6-34 所示。同步分帧（基准分帧）是 TDMA 帧内的第一个时隙，不含任何业务信息，仅用作同步和网络控制。发送该分帧的地球站又称为基准站，实际中，基准站通常由某一通信站兼任。

图 6 – 33　TDMA 系统模型示意图

一般还会指定另一个站作为备份基准站，一旦基准站出现故障，它自动承担发送基准分帧的任务，确保通信不中断。数据分帧是除基准分帧外的其他分帧。由于系统定时不精确，地球站与卫星之间距离变化等原因，会使各站的突发通过转发器的时间上产生一定漂移，前后的突发就可能在时间上发生重叠。为了避免这个现象，突发之间要留有一定的时间空隙作为保护时间。

图 6 – 34　TDMA 帧结构示意图

与 FDMA 系统相比，TDMA 具有以下优点：

①卫星转发器工作在单载波，转发器无交调干扰问题。

②能充分利用转发器的输出功率，不需要较多地输出补偿。

③由于频带可以重叠，频带利用率比较高。

④对地球站 EIRP 变化的限制没有 FDMA 方式那样严格。

⑤根据各站业务量的大小来调整各站时隙的大小，大小站可以兼容，易于实现按需分配。

⑥在 TDMA 中，容量不会随入网站数目的增加而急剧减少。用了数字话音插空技术后，传输容量可增加一倍。

虽然存在以上优点，但 TDMA 也存在以下不足：

①各终端按时隙传输数据，需全网同步。

②终端信号传输为突发通信，接收终端需具备突发解调功能。

③TDMA 一般采用数字调制方式，模拟信号需数字化后方能传输。

④TDMA 初期的投资较大，系统实现复杂。

6.3.3 码分多址

码分多址（CDMA）方式中区分不同地址信号的方法是利用自相关性非常强而互相关性很弱的伪随机码序列作为地址信息（称为地址码），对被用户信息调制过的载波进行再次调制，使用户信号带宽大大展宽。在接收端，用与发送端完全一致并且同步的伪随机码对接收到的扩频信号进行解扩，得到期望信号，而其他用户的信号则被滤除。在 CDMA 系统中，由于在码空间中区分用户地址，所以不同用户可以在相同时间、频率以及波束上工作。

实现 CDMA 需要满足以下条件：

①要有足够多、相关性足够好的地址码，使系统中每个站都能分到所需的地址码。

②接收端的本地地址码必须与发送端地址码相同，并且要与接收的扩频序列同步。

通信中较常使用的两种扩频系统为直接序列码分多址系统和跳频多址系统。

1. 直接序列码分多址

直接序列码分多址系统是目前应用最多的一种码分多址方式。对数字系统而言，可采用如图 6-35 所示的方案。在发送端，用码速率远大于原始信号速率的 PN 码与原始信号进行模 2 加，然后对载波进行调制，所以形成的信号频谱相较于原始信号频谱被展宽。已调信号经发射机变频放大发射出去。在接收端，用与发端码型相同、严格同步的 PN 码和本振信号对接收信号进行混频与解扩，得到窄带的仅受原始信号调制的中频信号。经中放、滤波后进入信号解调器恢复原始信号。该过程中，各节点信号信息如图 6-36 所示。

在收发两端扩频码序列相同且同步条件下，能够正确恢复原信号。而干扰信号频谱则被展宽为低功率谱密度信号，同时，其他地址码信号仍然保持低功率谱密度特性。在接收端，这些低功率谱密度信号大部分功率都将被窄带滤波器滤除。

由于这种系统具有很强的抗干扰能力和保密性，而且比其他多址方式简单、灵活，用户可随机参与通信，因此在军用系统中得到广泛应用。在卫星通信系统的小站中，这是一种重要的通信体制。

图 6 – 35　直接序列码分多址组成框图

图 6 – 36　信号扩频/解扩过程

2. 跳频多址

与直接序列扩频相比，跳频扩频的主要差别在于发射频谱的产生方式不同。在发送端，利用 PN 码控制频率合成器，使频率在一个宽范围内伪随机地跳变，然后再与原始信号调制过的中频混频，从而达到扩展频谱的目的，如图 6 – 37 所示。跳频图案和跳频速率分别由 PN 序列及其速率决定。在接收端，本地 PN 码产生器提供一个和发端相同的 PN 码，驱动本地频率合成器产生同样规律的频率跳变，和接收信号混频后，获得固定中频的已调信号，通过解调器还原出原始信号。

与 FDMA、TDMA 相比，CDMA 方式的主要特点是所传送的射频已调载波的频谱很宽、功率谱密度低，并且各载波可共占同一时域和频域，只是不能共用同一地址码。CDMA 具有以下优点：

①频谱扩展，解扩后带内干扰较少，抗干扰能力强。

②频谱被大大扩展，功率谱密度低，较难被侦察，有较好的隐蔽性。

③各站采用数字码作为地址，改变地址灵活方便。

④各站的区分方式为确定的数字序列，不需要同步。

CDMA 的缺点是占用的频带较宽，频带利用率较低，选择数量足够的可用地址码较为困难，接收时需要一定的时间对地址码进行捕获与同步。

图 6 – 37　跳频多址系统组成框图

6.3.4　空分多址

如果通信卫星采用多波束天线，各波束指向不同区域的地球站，那么同一时间、频率、码型资源可以被所有波束同时使用，这就是空分多址（SDMA）。由于在同一波束内，用户数量众多，所以，在实际应用中，一般不单独使用 SDMA 方式，而是与其他多址方式结合使用，包括星上交换 – 频分多址和星上交换 – 时分多址。

星上交换 – 频分多址的系统模型如图 6 – 38 所示，卫星上的每个滤波器都与每个上行链路中的载波相对应。这样能够将指定上行链路中对应载波的带通信号提取出来，并在星上进行选路操作，然后将其送往覆盖接收地球站的下行链路波束中。由于这个方案中的路由选择是预先确定的，所以它的频率分配方案也是事先设计的。

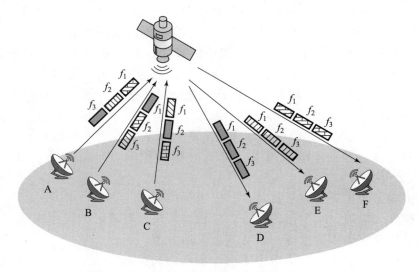

图 6 – 38　星上交换 – 频分多址方式示意图

星上交换 – 时分多址是在卫星上设置若干点波束天线和一个交换矩阵，将从不同上行波束到达的 TDMA 突发按需要分别送到不同的下行波束去，如图 6 – 39 所示。对于这种多址方式，地球站需要准确知道星上交换矩阵的切换时间，从而控制本站的发射时间，以保证在准确的时间里通过交换，建立严格的同步。适合站数多、业务量大、卫星频带严重不足的场合。

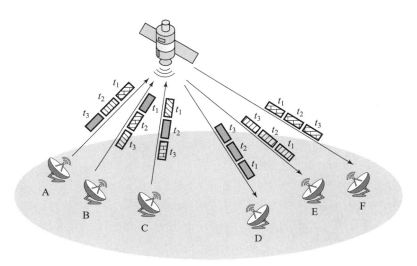

图 6 – 39　星上交换 – 时分多址方式示意图

SDMA 具有以下优点：

①卫星天线增益高。

②卫星功率可以得到合理、有效的利用。

③不同区域地球站所发信号在空间互不重叠，即使在同一时间使用相同频率，也不会相互干扰，可以实现频率重复使用。

SDMA 也存在一些缺点：

①对卫星的稳定及姿态控制提出很高的要求，卫星的天线及馈线装置也比较庞大和复杂。

②转换开关不仅使设备复杂，而且由于空间故障难以修复，增加了通信失效的风险。

习　题

1. 卫星通信体制的基本内容包括哪些？
2. 卫星通信中常采用哪些调制方式？其理由如何？
3. 卫星通信中的差错控制有哪几种方式？简述其工作原理。
4. 什么是多址技术？常用的多址技术有哪些？简述其工作原理。
5. 简述频分多址技术与频分复用技术 FDM 的区别。

6. 在 TDMA 系统中，为何要加入参考突发分帧？如何评价 TDMA 帧的工作效率？

7. 实现 CDMA 系统的主要要求有哪些？

8. 简述信道分配方式类型及其适用场景。

9. 简述空分多址的特点及其应用方式。

10. 对比分析 FDMA、TDMA、CDMA 技术优缺点，各适于什么通信业务类型？

第 7 章

卫星激光通信

7.1 概述

7.1.1 卫星激光通信的概念与特点

卫星激光通信是一种利用激光作为信息载体（载波）实现卫星通信的技术手段。可以分为星间、星地、星空等多种类型。

目前，卫星激光通信链路主要包括静止轨道 GEO 卫星之间、低轨道 LEO 卫星之间、GEO 卫星和 LEO 卫星之间、GEO 卫星到地面、LEO 卫星到地面等。卫星激光通信系统主要由信源、电光调制模块、光发射天线、空间光信道、光接收天线以及信号处理模块等部分组成，图 7-1 给出了其原理框图。与光纤通信技术相比，其主要区别在于空间光信道，由于卫星激光通信系统通信距离远，容易受到卫星振动等因素的影响，需要采用精确的瞄准、捕获和跟踪（Pointing Acquisition and Tracking，PAT）控制及光放大、功率控制等技术。

图 7-1　卫星激光通信系统原理框图

在卫星通信中，使用激光与使用微波相比，具有以下优点：

①激光频率高，便于获得更高的数据传输速率。

②激光的方向性强，能大大增加接收端的信号能量密度，为减少系统的重量和功耗提供了条件。

③激光的抗电磁干扰能力强。

④使用激光通信不需要申请无线信号频率使用许可。

由于卫星激光通信需要高精度的 PAT 技术完成建链，系统更为复杂，并且卫星所处的空间环境要求光学器件具备更高的可靠性，这些都给实现卫星激光通信带来了一定的困难。近年来，随着光电子、精密制造等技术的发展，卫星激光通信成为研究热点，并逐步走向实用。

7.1.2 卫星激光通信的发展

20 世纪 70 年代，以美、欧、日为代表的国家和地区就开始对卫星激光通信技术展开理论研究和关键技术攻关。研究内容涉及激光在大气中的传输特性、大气湍流对激光信号传输的影响、高精度跟瞄技术等。

20 世纪 90 年代以来，美国国家航空航天局（National Aeronautics and Space Administration，NASA）、欧洲航天局（European Space Agency，ESA）、日本宇宙航空研究开发机构（Japan Aerospace Exploration Agency，JAXA）等空间研究机构，开始卫星激光通信在轨技术验证。它们制定了多项星地、星间及深空激光通信技术发展和演示验证计划，研制了不同系列的激光通信终端。

欧洲航天局（ESA）的半导体激光星间链路实验（Semiconductor Laser Intersatellite Link Experiment，SILEX）计划是早期卫星激光通信试验的代表。SILEX 计划的两个激光通信终端分别搭载在法国近地轨道对地观测卫星斯波特 – 4（SPOT – 4）和地球静止轨道的欧洲通信卫星阿特米斯（ARTEMIS）上，如图 7 – 2 所示。SPOT – 4 卫星于 1998 年成功发射入轨，ARTEMIS 卫星在 2001 年发射。2001 年 11 月，ARTEMIS 卫星成功同距离 40 000 km 外的 SPOT – 4 之间建立激光链路，回传 SPOT – 4 的侦察图片，成为人类历史上首次在太空建立的激光通信链路，实现了返向数据速率 50 Mb/s，前向数据速率 2 Mb/s。

图 7 – 2　SILEX 卫星激光通信实验

在 SILEX 计划的基础上，ESA 合约单位 Tesat 公司开发了基于相干光通信的激光通信终端，使用波长 1 064 nm 的钇铝石榴石晶体（Nd：YAG）固体激光器作为光源，采用二进制相移键控（BPSK）调制和相干零差检测方式，最大调制速率可达 8 Gb/s，质量不超过 30 kg。在德国航天局的支持下，搭载该终端的美国近场红外试验卫星（NFIRE，2007 年 4 月发射入轨）和德国 X 频段陆地合成孔径雷达卫星（TerraSAR – X，

2007 年 6 月发射入轨），于 2008 年进行了星间激光通信试验，数据速率达到 5.8 Gb/s，最远通信距离可达 6 000 km。之后，该终端的升级版搭载到了欧洲数据中继系统（European Data Relay System，EDRS）卫星上（图 7 – 3）。2016 年 1 月，EDRS 的首个激光通信中继节点 EDRS-A，作为载荷搭载在欧洲商业通信卫星 Eutelsat9B 上进入地球静止轨道，其星间激光传输数据速率最高为 1.8 Gb/s，通信距离可达 45 000 km。EDRS 的第二个节点卫星 EDRS-C 已于 2019 年 8 月发射入轨，预计 2025 年第三颗卫星 EDRS-D 发射后，EDRS 将扩展成为全球覆盖系统。

图 7 – 3　欧洲数据中继系统（EDRS）搭载的激光通信载荷

美国前期卫星激光通信试验的重点是星地通信。2001 年，依托麻省理工学院的激光通信终端，"同步轨道轻量技术试验"（GeoLITE）项目成功进行了 GEO 卫星与地面之间的激光通信试验，数据传输速率大于 1 Gb/s。2013 年，美国成功进行了"月球激光通信演示验证"（LLCD）项目，完成月地距离双向光通信试验，实现下行传输数据速率 622 Mb/s，上行传输数据速率 20 Mb/s。2021 年，NASA 开始开展激光通信中继演示验证（Laser Communications Relay Demonstration，LCRD）计划，目的是验证空间激光通信链路与网络技术，是建立美国下一代跟踪与数据中继卫星（Tracking and Data Relay Satellites，TDRS）激光通信与网络的重要参照。美国太空探索技术公司（SpaceX）正在建设的"星链"（Starlink）低轨卫星星座也采用激光星间链路。除此之外，美国还在推动实现星地通信的太字节红外传输（TeraByte InfraRed Delivery，TBIRD）计划、深空光通信（Deep Space Optical Communications，DSOC）计划等卫星激光通信试验项目。

日本在 1995 年 6 月利用 ETS – Ⅵ卫星上的光通信终端（Laser Communication Equipment，LCE）首次成功进行了星地光通信试验，数据传输速率为 1.024 Mb/s，传输距离为 32 000 km。2005 年，日本的 OICETS（Optical Inter – orbit Communications Engineering Test Satellite）低轨卫星成功与欧洲的 ARTEMIS 卫星建立了星间光通信链路。2006 年 3 月，OICETS 卫星成功与地面站进行了星地激光通信试验。2020 年 11 月，搭载有星间光通信系统载荷的日本数据中继卫星系统 – 1（Japanese Data Relay

System，JDRS-1）发射升空，星间激光链路传输速率可达 1.8 Gb/s。

我国从 20 世纪 90 年代开始发展卫星激光通信技术，经历了从概念研究到空间试验的过程。中国航天科技集团公司、哈尔滨工业大学、长春理工大学、电子科技大学、中国科学院、中国电子科技集团公司等多家科研单位都开展了卫星激光通信技术研究。从 2011 年起，海洋二号、墨子号、天宫二号、实践十三、实践二十等多颗卫星纷纷搭载激光通信终端进行技术验证，验证了 LEO 对地、GEO 对地、空间站对地等不同轨道对地激光通信性能，涉及非相干和相干（BPSK、DPSK、QPSK）多种激光通信体制。航天科工集团"行云"星座成功验证了不同轨位星间激光通信，天地一体化信息网络任务拟以激光通信为链路，实现多轨位、多体制、多速率、多链路融合的一体化立体激光通信网络。

7.1.3 卫星激光通信终端的组成

卫星激光通信系统主要由一对激光通信终端组成。卫星激光通信终端是光、机、电以及卫星平台技术的综合体。如图 7-4 所示，从功能上划分，卫星激光通信终端主要包括 PAT 子系统、光学天线子系统、通信子系统和接口子系统等部分。

图 7-4　卫星激光通信终端的组成

捕获、瞄准和跟踪（PAT）子系统主要包括瞄准跟踪机构和瞄准跟踪控制单元。瞄准跟踪机构包括电磁转镜、转台、轴承（轴系）、角编码器、驱动电动机、支撑架等设备。瞄准跟踪控制单元主要包括粗瞄检测器、精瞄检测器和捕获跟踪控制电路。

光学天线子系统主要包括光学主天线、粗捕获光路、精捕获光路和通信光路，主要完成光信号的准直、发射、接收、相干混频等功能。

通信子系统主要由激光光源、光调制/解调和通信信号处理等部分组成，主要完成高码率的电信号调制与驱动、光信号发射、高灵敏度的光信号检测解调与基带再生等功能。

卫星激光通信终端通过接口子系统从卫星平台获取建立激光链路的指令和相关参数、待发送的电信号、遥测参数，将接收恢复后的电信号回传，并接入电源、热控等平台公共系统。

按照是否直接参与处理光信号，卫星激光通信终端的部件又可以分为光学组件和非光学组件两类。其中，光学组件所构成的光学系统是卫星激光通信终端的主体部分，主要作用是在发送端产生光信号，并将光信号有效地发送到接收机，然后在接收端接收发射机传来的光信号，并完成光信号解调。

本章后续将介绍卫星激光通信终端中所涉及的主要光学组件、激光通信技术和 PAT 技术。

7.2　卫星激光通信光学组件

卫星激光通信光学系统可以分为发射光学子系统和接收光学子系统，如图 7 - 5 所示。发射光学子系统主要由激光器、光调制器、精瞄镜及发射光学天线等组成；接收光学子系统主要由接收光学天线、光检测器、分光镜及滤光元件等组成。下面介绍其中主要的光学组件。

图 7 - 5　卫星激光通信光学系统基本组成

7.2.1　光源

在卫星激光通信中，为了满足远距离传输，光源的输出功率要足够大。例如，轨道卫星间的距离一般为几千千米至几万千米，传输过程中，信号衰减将高达 10^9 量级，如果在低轨卫星上发射 1 W 的光信号，到达地球静止轨道上的卫星将衰减到 1 nW。所以，要建立可靠的星间激光通信链路，必须要求光源的功率足够大。除此之外，卫星激光通信还要求激光器线宽窄、相干性好，并且具有易调制、调制速率高、寿命长的特性。下面介绍卫星激光通信中常用的光源类型。

1. 半导体激光器

半导体激光器体积小，具有较高的转换效率、结构简单、可直接调制等优点，因此成为卫星激光通信光源的重要候选。早期验证的星间和星地卫星激光通信多采用工作波长 800 nm 左右的半导体激光器，该波段的技术相对成熟、器件性能可靠、成本较低，但激光器及检测器带宽有限。目前，越来越多的卫星激光通信系统采用 1 550 nm 波段的半导体激光器，可以充分利用 1 550 nm 激光高带宽组件，并可以应用地面光纤通信成熟技术，数据传输速率可达数十吉比特级。另外，半导体激光器的输出功率和调制速率之间通常是矛盾的，为此，可在 1 550 nm 半导体激光器后加光放大器，对已调制的信号进行放大，从而获得高速率大功率激光输出。

2. Nd：YAG 固体激光器

钇铝石榴石晶体（Nd：YAG）固体激光器的工作波长为 1 064 nm，属四能级系统，具有量子效率高、受激辐射截面大的优点，而且钇铝石榴石晶体具有较高的热导率，易于散热，因此 Nd：YAG 激光器不仅可以单次脉冲运转，还可用于高重复频率或连续运转。目前，Nd:YAG 连续激光器的最大输出功率已达千瓦级。Nd:YAG 激光器的输出功率比较高，因此它要求使用高功率的调制器来保证波形质量。

3. CO_2 激光器

CO_2 激光器是一种气体激光器，其工作波长分别为 10.6 μm 和 9.6 μm。这种激光器工作于单模模式，具有很高的光频稳定度（10^{-12}）。其发出的光束不仅具有很好的大气透过性，能实现远距离的大气传输，而且具有很好的相干性。CO_2 激光器因其能量转换效率高、光束质量好、功率范围大、能连续输出又能脉冲输出、运行费用低等众多优点而成为气体激光器中重要的、用途广泛的激光器。随着光电子技术的不断发展，新技术和新结构的不断出现，体积更小、功率更高、光束质量更好、成本更低的各种类型 CO_2 激光器正在开发之中。CO_2 激光器在星 - 地相干光通信系统中具有重要的应用价值。

4. 光纤激光器

由于光纤激光器具有散热效果好、结构紧凑、调谐范围宽等特点，目前已在光通信、光传感及很多其他领域得到了广泛应用。如果在激光腔中增加一些选频器件，仅仅只让一个纵模起振，就可以实现单频激光输出。单频光纤激光器光谱线宽很窄，具有很好的时间相干性，特别适用于相干型的通信或传感系统。光纤激光器按照谐振腔结构，总体可分为线形腔、环形腔和复合腔。复合腔结构是由线形腔、环形腔和其他一些结构复合而成的。

7.2.2 调制器

调制器利用电光、声光、磁光等物理效应使其输出光的强度、相位等参数随信号而变。下面介绍两种常用调制器：电光相位调制器和电吸收调制器。

1. 电光相位调制器

电光相位调制器也称为马赫 - 曾德尔（M - Z 型）调制器，是利用铌酸锂晶体的电光效应制成的，如图 7 - 6 所示。利用该效应，当把电压加到晶体上的时候，晶体的折射率会发生变化，从而通过晶体的光波相位产生改变。调制器是由一个 Y 型分路器、两个相位调制器和一个 Y 型合路器组成的。

图 7 - 6　电光相位调制器

输入光信号被 Y 型分路器分成完全相同的两部分，两个部分之一受到相位调制，然后两部分再由 Y 型合路器耦合起来。按照信号之间的相位差，两路信号在 Y 型合路器的输出产生相消和相长干涉，再输出就得到了"通"和"断"的信号。

2. 电吸收调制器

电吸收调制器是很有应用前景的调制器，不仅具有低的驱动电压和低的调制啁啾，而且还可以与半导体激光器单片集成，如图7－7所示。通常情况下，电吸收调制器对发送波长是透明的，一旦加上反向偏压，吸收波长向长波长移动，从而可以产生光吸收。利用这种效应，在调制区加上0 V到负压之间的调制信号，就能对半导体激光器产生的光输出进行强度调制。

图 7 － 7　电吸收调制器

7.2.3　光学天线

卫星激光通信系统中，光学天线的设计是关键技术之一。在发射端，光学天线要实现精确的光束控制，产生优质的传输和对准光束；在接收端，光学天线负责收集接收到的光信号，并汇聚到检测器上。光学天线既要完成发射功能，也要实现接收功能。卫星激光通信系统的光学天线通常采用天文望远系统结构，可以分为透射式光学天线和反射式光学天线两类。常用的反射式光学天线包括同轴反射式和离轴反射式两种。

1. 透射式光学天线

透射式光学天线由一组透镜构成，按照基础结构，可以分为伽利略型和开普勒型两种。

（1）伽利略型

伽利略型光学天线的基本原理如图7－8所示，天线由正光焦度的物镜和负光焦度的目镜组成。系统结构简单，可以避免反射面产生的光能量损失，并且两镜具有共虚焦点，可避免采用正透镜汇聚而引起的强光效应和对目镜的破坏。

图 7 － 8　伽利略型光学天线

（2）开普勒型

开普勒型光学天线的基本原理如图7－9所示，由具有正光焦度的物镜和目镜组成。

其中，两镜中间存在聚焦点，可以通过放置小孔光阑，使光束中高斯型光强分布的峰值部分通过，从而消除杂散光。不过透镜汇聚引起的强光效应可能对光学系统造成破坏。

图 7 - 9　开普勒型光学天线

透射式光学天线的优点是制作简单，缺点是口径不能太大，大口径物镜的制造工艺和玻璃熔炼较困难，并且装配后其面型的精度也难以保证。

2. 同轴反射式光学天线

同轴反射式光学天线主要有格里高利型、牛顿型和卡塞格伦型三种形式。

（1）格里高利型

格里高利型光学天线于 1663 年由英国物理学家和天文学家格里高利发明。如图 7 - 10 所示，它由抛物面主镜、位于主镜焦点之外的旋转椭球面次镜和透镜构成，其抛物面主镜焦点和椭球面次镜的一个焦点重合，成像于主镜前方的远侧焦点处。该天线不存在球差，但是轴向尺寸过大。

（2）牛顿型

牛顿型光学天线如图 7 - 11 所示，由抛物面主镜、与光轴成 45°夹角的平面反射次镜和准直透镜组成。该天线的像平面被引出光路，因此便于在光路中安置滤光片、光电检测器和光阑等组件。该天线的主要问题是彗差比较严重。

图 7 - 10　格里高利型光学天线　　　　**图 7 - 11　牛顿型光学天线**

（3）卡塞格伦型光学天线

卡塞格伦型光学天线如图 7 - 12 所示，由焦点重合的抛物面主镜和双曲面次镜组成，这两个非球面的焦点重合。该天线的优点是像质好、结构简单并且加工制造工艺成熟。经过长时间的发展，还产生了许多改进形式，在卫星激光通信系统中应用较多。

图 7 - 12　卡塞格伦型光学天线

卡塞格伦型光学天线最大的缺点是存在中心遮拦，不仅会大幅降低发射效率，还会损失一部分接收的能量。

3. 离轴反射式光学天线

离轴反射式光学天线由抛物镜和平面折叠镜组成，主要可分为离轴两反和离轴三反两种，基本原理如图 7 - 13 所示。离轴反射结构由于没有次镜遮挡，收发效率很高，中心视场像质好，并且抛物镜对于中心视场有聚焦作用，从而没有色差，对不同波段的实用性都很强。但是三反结构装调和加工都比较困难。

图 7 - 13　离轴反射式光学天线

（a）离轴两反；（b）离轴三反

7.2.4　光检测器

目前，通信子系统所用的光检测器主要是半导体检测器，即光电二极管。半导体光检测器可覆盖 1 064 nm 和 1 550 nm 两个波段，典型响应度分别为 0.6 A/W 和 0.9 A/W。从检测器响应的角度来看，1 550 nm 波段有优势。

在 PAT 技术中用来实现目标捕获和跟瞄的光检测器件大致有三种，即 PSD（Position Sensitive Devices）、QD（Quadrant Detector）和 CCD（Charge - Coupled Device）。在这些检测器之中，最简单、最常用的是 QD。

对于深空激光通信地面站，超导纳米线阵列是目前单光子探测技术的研究热点。例如美国 LLCD 和 DSOC 项目均采用超导纳米线阵列单光子探测。此外，对于实现超高灵敏度接收，还可以采用相位敏感放大（Phase Sensitive Amplification，PSA）技术实现理论极限噪声系数 0 dB 的光放大，后端不需要单光子检测器，使用常规光电检测器即可。

7.3 激光通信技术

7.3.1 光的调制

把信息加到激光上，使激光光波的某些特性按电信号而变化的过程就是光的调制。激光光波可以被调制的参数包括强度（幅度）、相位、频率等。其中强度调制和相位调制在卫星激光通信中较为常用。

光的调制既可以通过信息流直接控制光源的驱动电流来改变输出光功率，也可以使用光源外部专门的调制机制来实现。这两种调制方式分别称为直接调制和间接调制，也称为内调制和外调制。

如图 7-14 所示，直接调制方法是把要传送的信息转变为驱动电流信号注入半导体光源，利用光源的输出光功率随注入电流的变化而变化的特点，使输出的光信号在时间上随电信号变化。直接调制实现相对简单，是一种基础调制方式，仅能够完成强度调制。

图 7-14　激光器直接调制原理

间接调制方法是通过外部调制器来完成光源参数的调制过程，如图 7-15 所示。其既适用于半导体光源，也适用于其他类型的光源。虽然引入调制器增加了系统复杂度，但是外部调制能避免产生额外的光谱展宽，而且不仅适用于强度调制，还可以实现相位调制。

图 7-15　间接调制原理

基于外部调制器，还可以完成高阶光调制。高阶调制技术可以使 1 个符号携带多 bit 信息，由于符号速率往往受限于系统光谱宽度，因此在有限的光谱宽度上可以获得更高的传输速率。在卫星激光通信中，QPSK 就是一种典型的高阶调制。QPSK 可以采用如图 7 - 16 所示的 IQ 调制来实现。其中，I 表示 In - phase，是同相或实部，Q 表示 Quadrature，是正交相位或虚部。输入信号被平分为两路，每一路都通过一个 M - Z 型相位调制器（分别记为 MZM1 和 MZM2）。其中一路信号经过 90°移相后与另一路相加，通过干涉效应，得到的信号再结合后形成 QPSK 信号。卫星激光通信系统工作时，受震动、高低温、太空辐射等因素影响，以及卫星平台资源限制，要应用高阶调制技术，还需要应用窄线宽/高稳光源、高稳抗辐照调制/解调、星上高效信号处理等技术。

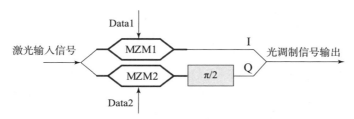

图 7 - 16　QPSK 信号的 IQ 调制原理

7.3.2　直接检测接收

在光接收系统中，首先需要将光信号转换成电信号，即对光进行解调。直接检测解调就是将收到的光信号直接送入光检测器，得到与接收光功率成正比的电流，从而实现强度调制光信号的解调。

如图 7 - 17 所示，微弱的信号光入射到光检测器光敏面上，光检测器将其转变为随光信号功率变化的电信号。由于得到的电信号比较微弱，通常使用前置放大器、主放大器两级放大。放大后的信号进入均衡滤波器，补偿信号波形失真。自动增益控制电路根据电信号的功率反馈调节放大器增益，使接收机的输出保持稳定。判决器根据时钟恢复电路所提取的定时信息，把信号判决再生为原来的波形，并由译码器恢复码型。

图 7 - 17　直接检测数字接收系统原理框图

直接检测接收具有系统简单和易于集成等优点，但是只能支持基本的强度调制，并且灵敏度不高。强度调制 - 直接检测系统（Intensity Modulation - Direct Detection，IM/DD）作为一种传统的激光通信体制，主要应用在早期的卫星激光通信系统中。

7.3.3 相干检测接收

相干检测接收是指首先将光学天线接收到的光信号与一个本振光信号进行相干混合，然后由检测器进行探测，再由放大和信号处理电路恢复出原始基带信号。相干检测接收的基本原理如图 7-18 所示。

图 7-18 相干光检测接收原理框图

信号光场 E_S 与本振光场 E_L 可表示为：

$$E_S = A_S\exp[-\mathrm{j}(\omega_S t + \varphi_S)] \tag{7.1}$$

$$E_L = A_L\exp[-\mathrm{j}(\omega_L t + \varphi_L)] \tag{7.2}$$

式中，A、ω、φ 分别表示光信号的振幅、频率与相位。

在满足相干条件的情况下，信号光与本振光通过光混频器进行耦合，光信号的功率正比于电场强度的平方，可得：

$$P = k|E_S + E_L|^2 \tag{7.3}$$

从而信号光与本振光混频后，光功率可表示为：

$$P(t) = P_S + P_L + 2\sqrt{P_S P_L}\cos[\omega_{IF}t + (\varphi_S - \varphi_L)] \tag{7.4}$$

式中，$P_S = kA_S^2$，为信号光功率；$P_L = kA_L^2$，为本振光功率；$\omega_{IF} = \omega_S - \omega_L$，为信号光与本振光的频率差，是中频。

从式（7.4）中可以看出，中频信号功率分量带有信号光的幅度、频率或相位信息，在发射端，无论采取什么调制方式，都可以从中频功率分量反映出来。所以，相干光接收方式是适用于所有调制方式的通信体制。

根据本振光与信号光的频率是否相同，可以将相干检测进一步分为零差检测和外差检测。若 $\omega_S = \omega_L$，$\omega_{IF} = 0$，则称为零差检测；若 $\omega_{IF} \neq 0$，称为外差检测。

相干混频后的光信号进入响应度为 R 的光检测器后，得到光电流，去除对信号解调没有作用的直流部分后，交流部分的振幅为：

$$I_P(t) = 2R\sqrt{P_S P_L} \tag{7.5}$$

而如果采用直接检测接收，光电流功率为：

$$I_{DD} = RP_S \tag{7.6}$$

一般来说，本振光功率远大于信号光功率，因此相干零差检测可以大幅提高接收灵敏度。零差检测要求本振光和接收光频率完全相同，因此实现难度较高。外差检测方式不需要相位锁定，实现相对简单，但是在相同的通信速率下，外差检测方式的信噪比比零差检测方式的低 3 dB。

卫星激光通信中，信号放大只能在收发两端完成，中途进行光中继放大不可能实施，因此采用相干检测接收提高接收灵敏度成为提高传输距离和传输容量的有效途径。

虽然同直接检测接收相比，相干检测接收额外增加一套本振光路，需要配备窄线宽的本振激光器以及光混频器等新的光器件，还涉及相位锁定、模式匹配等问题，技术实现复杂，但是相干检测引入严格的空间模式匹配，能够有效地抑制杂散光，可不借助滤光片直接工作在近太阳视场，而且光锁相环可补偿因卫星高速运动带来的多普勒频移，再加上高灵敏度特性，使得相干检测接收成为卫星激光通信的发展趋势。

7.4　瞄准、捕获和跟踪（PAT）技术

在卫星激光通信中，瞄准、捕获和跟踪（Pointing Acquisition and Tracking，PAT）是关键技术。在发射光束发散角很小、传输距离很长的情况下，光束对准的问题特别突出，所以，在星间链路、星地链路等长距离卫星激光通信系统中，PAT 成为整个系统设计的重要方面。例如，从高度为 22 000 km 的卫星上向地面发出一个光束，光束的发散角为 50 μrad，则光束到达地面时，覆盖范围仅为 1 km，表示该光束发射时必须精确对准地面上的接收机，对准误差不能超过 25 μrad。

7.4.1　PAT 系统基本结构与工作过程

在卫星激光通信系统中，瞄准（pointing）是指控制激光通信终端的发射光束（或接收朝向）对准某一方向，主要涉及预瞄准和超前瞄准两方面；捕获（acquisition）是指激光通信终端在光路开环的状态下，通过扫描补偿不确定区域，实现光信号的准确、有效送达；跟踪（tracking）是指两个激光通信终端完成捕获后，为补偿相对运动、平台振动和其他干扰，保持两终端光束精确对准的过程。

比较典型的 PAT 子系统包括粗瞄模块、精瞄模块和提前瞄准模块三部分，如图 7 - 19 所示。粗瞄模块包括光学天线转台、粗瞄控制器和粗瞄检测器，主要用于捕获和粗跟踪。精瞄模块包括精瞄镜、精瞄控制器和精瞄检测器。精瞄模块主要用于补偿粗瞄模块的瞄准误差及跟踪过程中星上振动的干扰。提前瞄准模块包括提前瞄准镜、提前瞄准控制器和提前瞄准检测器，主要用于补偿通信过程中在光束弛豫时间内所发生的卫星间的附加移动。提前瞄准检测器与精瞄检测器可以共用，也可以分离。

图 7 - 19　PAT 系统组成结构框图

下面简要介绍 PAT 典型工作流程。

　　首先是预瞄准过程，根据星历表轨道预报和姿态参数等计算出两终端的大致指向。预瞄准不可避免地会存在一定的指向误差，产生一个不确定区域（Field of Uncertainty，FOU），终端需要在不确定区域内进行光束发送或接收视场的搜索，这就是捕获过程。

　　在捕获阶段，激光通信终端通过 PAT 控制系统驱动信标光按照一定方式扫描通信对端的 FOU，此时通信对端天线处于凝视等待状态。当通信对端被信标光照射到时，其粗瞄检测器上探测到信标光，然后检测器根据光斑位置给出误差信号，驱动捕获跟踪机构校正其天线指向，启动反馈信号光。激光通信终端探测到通信对端的反馈信号光，停止信标光，同时启动信号光，然后同样根据检测器上的光斑位置给出误差信号，驱动捕获跟踪机构调整其天线指向，将信号光发射到通信对端方向。此时两个激光通信终端都可以收到对方发来的光信号，从而实现光闭环，捕获结束。

　　为克服平台振动、相对运动和其他干扰带来的影响，根据测得的角度偏差和轨道姿态数据实时控制粗瞄准、精瞄准和提前瞄准模块，保持链路中两终端的对准状态。其中一个终端稳定跟踪上对方终端后，由于两终端相距很远且相对运动速度大，在光束的传播时间内，两终端相对运动的角度不能忽略，因此，在瞄准过程中，需采用超前瞄准来进行对发射光束的超前校正，以补偿相对运动引起的对准偏差，超前瞄准应该偏转的超前角可以根据星历表和运动速度等计算。

7.4.2　捕获扫描技术

　　在卫星激光通信中，根据是否采用激光束作为引导，有多种捕获方案，例如采用星体作为信标进行捕获，以及采用"信标光 + 星敏感器"捕获方案、"信标光 + 扫描"捕获方案等。其中，"信标光 + 扫描"方案使用最为广泛，通过采用比通信用信号光更宽的信标光对目标可能存在的区域（FOU）进行扫描或凝视（不确定区域小于信标光束散角时），来检测目标的回光信号，从而建立光链路。下面主要讨论该方案。

　　两卫星激光通信终端之间光链路的建立可通过不同的捕获模式来实现，需要通信双方互相配合、协同工作，通常一方为主动方，另一方为被动方，根据主动方光束发散角、被动方捕获检测器视场角和不确定区域之间的大小关系，捕获方式分为以下几种。

　　第一种是凝视/凝视方式。这种方式要求主动方的光束发散角和被动方捕获检测器视场角都大于不确定区域，在这种情况下，捕获过程可立即完成，捕获所需时间非常短。

　　第二种是凝视/扫描方式。当主动方光束发散角小于不确定区域而被动方捕获检测器视场大于不确定区域时，可采用此种方式。此时主动方利用光束在不确定区域内对被动方进行扫描捕获，被动方的捕获检测器对准主动方光束可能到达的方向凝视等待。

　　第三种是扫描/扫描方式。就是主动方的光束发散角和被动方捕获检测器视场角都小于不确定区域，因此通信双方都要在不确定区域内进行扫描，以捕获对方建立光链路。这种方式捕获时间较长，一般较少采用。

　　在直接采用信号光进行捕获的时候，其光束发散角一般情况下都是小于不确定区域的，而视场大于不确定区域的捕获检测器比较容易获得，因此这种凝视/扫描捕获方式应用最为广泛。

　　扫描方式有矩形扫描、螺旋扫描、矩形螺旋扫描、玫瑰扫描和李萨如扫描等，其中常用的扫描方式为矩形扫描、螺旋扫描和矩形螺旋扫描，如图 7 - 20 所示。

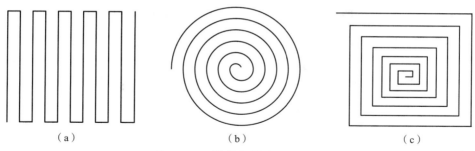

图 7 - 20　捕获扫描方式示意图
（a）矩形扫描；（b）螺旋扫描；（c）矩形螺旋扫描

矩形扫描也称光栅扫描、弓形扫描等，就是对不确定区域进行逐行扫描，能够非常理想地对不确定区域进行覆盖，并且易于设计实现，但是它并不是从目标出现概率高的位置开始扫描的，而是对整个不确定区域同等看待，导致捕获效率低，而且对于圆形的不确定区域，矩形扫描在四周会增加额外的扫描时间。

螺旋扫描就是根据螺旋线的轨迹对不确定区域进行扫描，从目标出现概率最高的中心位置开始扫描，捕获效率高，并且扫描形状符合圆形的不确定区域，是应用最为广泛的一种扫描方式。缺点在于为了实现对不确定区域的完全覆盖，扫描间隔重叠度较大，从而损耗了一些扫描时间。

矩形螺旋扫描兼顾了矩形扫描覆盖理想和螺旋扫描捕获效率高的优点，但仍具有矩形扫描在四周增加额外扫描时间的缺点。

7.4.3　跟踪技术

在完成瞄准和捕获后，需要解决的问题就是将对面终端发射出的光束保持在检测器的视域范围内，需要将接收端光阑相对于入射光保持正确定向，这一过程即为跟踪过程。

跟踪过程是通过调整光学组件对探测到的即时瞄准角度误差进行补偿实现的。在信号光束被成功捕获之后，其光场应聚焦到捕获阵列的中心，而这一中心将被校准到位置误差传感器上。当聚焦光束偏离中心时，光检测器将产生误差信号。空间跟踪就是根据即时产生的误差信号对瞄准跟踪机构进行连续的重新调整而实现的。

跟踪系统通常对方位角和俯仰角两个方向分别进行闭环控制，位置传感器得到方位角和俯仰角两个角方向上的误差信号，通过这些误差信号对瞄准装置进行控制。一般采用分立的伺服环路对方位角和俯仰角分别进行控制。典型的环路控制函数采用低通积分滤波形式，以使误差信号平滑化。滤波器带宽必须足够宽，以使跟踪环路能够跟随预期的信号光束移动，同时还要使环路内的噪声最小化。根据卫星链路的不同情况和工作模式，光束跟踪可分为单向跟踪（链路光束开环）或双向跟踪（链路光束闭环）两种方式。

1. 单向跟踪

在卫星激光通信过程中，一个光终端按照预定输入的轨道参数调节跟瞄装置；另外一个终端按照实际测得的瞄准角度误差，通过控制系统对误差进行补偿。在单向跟踪过程中，要求对卫星轨道和姿态定位的计算非常精确。在精确定位的情况下，对跟瞄装置的控制精度要求较低，甚至只采用粗跟踪就可以达到跟踪精度的要求。但是由于空间环境、系统结果和轨道参数等复杂因素的影响，精确计算轨道参数难以达到。目前，部分星地激光链路采用了单向跟踪方式，但是其跟瞄精度和链路稳定性较差，受卫星平台性能限制较大，阻碍了通信数据率的提高和通信误码率的降低。

2. 双向跟踪

当卫星的轨道参数和姿态定位的精度较低，无法准确预测时，需要使用双向跟踪方式。双向光束跟踪为两个终端同时补偿接收到的瞄准角度误差，这种方法对光束偏差探测和粗精瞄准控制的要求相当高。实际在轨试验中，对轨道参数和姿态定位计算的随机影响因素较多，精确的定位信息几乎不能实现。所以，在卫星激光通信中，为了提高通信数据率和光通信的可靠性，采用双向跟踪方法是发展趋势。

习　题

1. 卫星激光通信与自由空间激光通信的区别与联系有哪些？
2. 卫星激光通信有哪些优点？
3. 请列举三个典型卫星激光通信在轨技术验证项目。
4. 卫星激光通信终端的基本组成部分有哪些？
5. 简述卫星激光通信光学系统的组成。
6. 卫星激光通信终端中典型激光器有哪几类？
7. 卫星激光通信终端中典型光学天线有哪几类？各有什么特点？
8. 简述相干检测接收的基本原理。
9. 对比直接检测接收和相干检测接收的优缺点。
10. 在卫星激光通信系统中，瞄准（pointing）、捕获（acquisition）、跟踪（tracking）分别指的是什么？

第 8 章

卫星移动通信

社会的发展大大推动了移动通信业务的发展，人们对移动通信服务的依赖程度越来越高，同时要求也越来越高。20 世纪 80 年代以来，全球的移动通信用户数以 50% ~ 60%的速率逐年增长，但是地球上仍有许多地面移动通信无法覆盖的区域，如空中、海上以及很多人烟稀少的地方。单纯依靠地面移动通信系统已然无法满足需求，发展卫星移动通信事业非常有必要。卫星通信具有覆盖面积大的优势，只需要三颗地球静止轨道通信卫星，便可完成除南北两极之外所有地区的移动通信服务，可以满足人们近距离和洲际通信的需求。如果采用中低轨道通信卫星，可以通过多颗卫星组成卫星移动通信系统实现全球覆盖，从而为全球用户提供移动通信服务。由于卫星通信的优点、成熟的技术、广泛的需求，卫星移动通信得到快速发展，并继续呈现出高速发展的态势。

本章阐述了卫星移动通信的基本概念、分类、特点及系统组成，介绍了 ACeS 系统、瑟拉亚、天通一号等静止轨道卫星移动通信系统，铱星、全球星等低轨卫星移动通信系统，Odyssey、ICO 等中轨道卫星移动通信系统，并利用 STK 开展了卫星移动通信系统仿真。

8.1 概述

8.1.1 卫星移动通信简介

卫星移动通信是指通过人造地球卫星转接实现移动用户间或移动用户与固定用户间的相互通信。卫星移动通信能够为用户提供广覆盖、高质量的话音、短消息、传真和数据等服务。卫星移动通信充分发挥了卫星通信的优势和特点，不仅可以向人口密集的城市等地区提供移动通信，也可以向人口稀少的山区、海岛等地区提供移动通信，具有重要的军用和民用价值。

卫星移动通信系统从不同的角度有不同的分类。按卫星波束覆盖区域，可分为区域卫星移动通信系统和全球卫星移动通信系统。按服务对象，它可分为陆地卫星移动通信系统、航海卫星移动通信系统和航空卫星移动通信系统。按信息传输能力，可分为宽带系统和窄带系统，宽带系统一般工作于 C、Ku、Ka 等频段，地球站采用动中通技术，利用机械或电调方式，让用户地球站的天线始终对准卫星；窄带系统一般工作于 UHF、L、S 等频段，采用全向天线或定向天线，可以支持小型化的手持终端。按卫星运行的轨道，可分为静止轨道（GEO）卫星移动通信系统、中轨道（MEO）卫星移动通信系统与低轨道（LEO）卫星移动通信系统。

目前实现卫星移动通信服务的技术主要有两种，一种是借助 GEO 和大型可展开多波束天线技术来实现全球性的移动通信；另外一种是借助 LEO 来实现全球性的移动通信。

GEO 与 LEO 两种卫星移动通信系统由于卫星轨道高度不同，卫星数量与质量方面存在较大的差异，两种系统有着不同的特点，见表 8 - 1。在传输性能上，GEO 的单跳传输时延可以达到 270 ms，实时性较差，并且传输过程中的传播损耗会很大，而 LEO 的传输时延为十毫秒量级，有很好的实时性，并且传输过程所产生的损耗小。在系统性能上，GEO 的系统建设相对来说较为简单，卫星相对地球静止，地面上的天线对星容易，不需要一些复杂的跟踪控制系统，而且单颗通信卫星覆盖范围大、过顶时间长，能够有效开展业务。而 LEO 系统复杂度较高，卫星与地面的相对运动速度快，需要完善的跟踪控制系统，需要多颗卫星组成星座，才能够实现提供全球移动通信服务的目的。在成本费用方面，GEO 的使用寿命较长，日常维护费用较低，有很高的性价比。LEO 系统中，每颗卫星造价低，发射方便且风险小，但是卫星数量多，系统研制、维护费用均有一定的复杂性，并且总体费用高于 GEO。总体而言，两种卫星移动通信系统各有其优势与不足，在使用时需要结合实际充分考虑，若要实现人口密集区域的移动通信服务，可以优先考虑使用 GEO 卫星移动通信系统，若要建立无缝覆盖的移动通信系统，可以考虑使用 LEO 卫星移动通信系统。

表 8 - 1   GEO 与 LEO 卫星移动通信系统的区别

卫星类型	代表系统	数量	质量	功率	时延	天线	建设周期	复杂度	过顶通信时间
GEO 卫星	海事卫星、天通一号等	少	大	低	200 ms 级	大型	短	低	24 h
LEO 卫星	铱星、全球星等	多	相对小	高	10 ms 级	无须大型	长	高	十几分钟

8.1.2　卫星移动通信的特点

卫星移动通信相对于地面移动通信而言保持了卫星通信的一些优点，如通信容量大，卫星的容量目前最高超过 300 Gb/s，能为几万路话音及几百个视频信道提供服务；通信距离远，一颗静止轨道通信卫星为地面两点提供服务的最大通信距离约 18 000 km；传输质量高，由于卫星通信电波一般在大气层以外的宇宙空间传播，不像短波通信容易受到电离层的影响，受自然和环境的因素影响较小，因此信道条件比较好，传输质量高，卫星通信正常运转率达 99.8% 以上等。

卫星移动通信最大的特点是利用卫星通信的多址技术，为全球用户提供大范围、远距离的漫游和机动灵活的移动通信服务，是地面移动通信的有效补充，具有以下特点：

①为实现全球覆盖，需要采用多种卫星系统。卫星移动通信能覆盖目前地面移动通信难以覆盖到的区域，如广阔的海洋、沙漠，覆盖区域内所有地球站均能进行相互通信。对于 GEO 系统，三颗卫星可以覆盖除南北两极之外的区域。要实现全球覆盖，可以采用中轨道和低轨道卫星，近年来 LEO 系统发展迅速。

②卫星移动通信覆盖区域及大小与卫星的轨道倾角、轨道高度及卫星的数量有关，需要根据覆盖要求合理选择不同类型的卫星轨道。

③卫星移动通信用户多样，移动载体可以是飞行器、地面移动装备、海上移动载体和移动单兵。移动用户在移动载体上集成了卫星通信系统，可实现载体在移动中的不间断通信，可实现"动中通"。

④卫星天线波束能够适应地面覆盖区域的变化保持指向，移动用户终端的天线波束能够随用户的移动而保持对卫星的指向，或者采用全方向性的天线波束。

⑤由于移动用户终端的 EIRP 有限，卫星转发器及星上天线需要专门设计，并采用多点波束技术和大功率技术来满足系统要求。

⑥由于移动用户的运动，当移动终端与卫星转发器间的链路受到阻挡时，会产生"阴影"效应，造成通信中断。卫星移动通信中，需要移动用户终端能够多星共视。

⑦移动终端的体积、功耗、重量需要进一步小型化，尤其是手持终端的要求更为严格。

⑧多颗卫星构成的卫星星座系统，需要建立星间通信链路，采用星上处理、星上交换等技术，或者需要建立具有交换和处理能力的信关站。

8.1.3　卫星移动通信系统组成

卫星移动通信系统一般包括空间段、地面段及用户段，如图 8 - 1 所示。空间段一般由多颗卫星组成，可以是地球静止轨道 GEO 通信卫星、中轨道 MEO 通信卫星或者低轨道 LEO 通信卫星，在用户与信关站之间起到中继作用。地面段主要包括信关站（Gateway）、卫星控制中心（Satellite Control Center，SCC）、网络控制中心（Network

图 8 - 1　卫星移动通信系统的基本组成

Control Center，NCC）等，信关站通过公共交换电话网（Public Switched Telephone Network，PSTN）与电信运营商互联。用户段主要由用户终端组成，包括移动终端及手持终端，可以是手持、便携、机载、船载、车载等。

空间段提供用户到用户或者用户到信关站之间的连接，由一颗或者多颗卫星构成，这些卫星可以具有不同的轨道参数，也可以分布在不同高度的轨道上。根据卫星移动通信系统的具体要求，空间段可以采用具有透明转发能力或者具有再处理能力的平台。卫星轨道参数通常是在系统设计之初根据指定覆盖区域的服务质量要求来确定的，可以采用多种设计方法，主要由轨道类型和星上有效载荷所采用的技术决定。作为空中的中继器，空间段中的卫星主要是接收上行信号并且传输到下行链路中，完成信号的放大、干扰抑制和频率变化等功能。在非静止轨道卫星通信系统中，同一地区的不同网络可以在不同的时间分享卫星资源，不同地区的不同网络也可以分享卫星资源。除了进行通信中继，空间段还可以进行资源管理和地址路由，也能通过星间链路实现空天网络的一体化。对于空间段智能化的探索，实现更多的功能是未来卫星移动通信领域的一个重要研究方向。

地面段的信关站是卫星移动通信系统的重要组成部分，是地面通信网络和卫星网络连接的固定接入点，完成卫星信号的接收和发送、协议转换、流量控制等功能，是地面网和卫星网用户之间通信的主体。一般情况下，一个信关站可以与指定的卫星点波束关联，多个信关站也可能位于单颗卫星的同一点波束中，因此信关站允许用户终端在特定的覆盖区域内接入地面网络。网络控制中心有时设置在具有重要地位的信关站内，有时独立成站，负责集中管理和协调信关站的工作，处理用户登记、身份确认、计费和其他的网络管理功能。对于简单的系统，用户数和卫星数少则无须复杂的网络控制中心，可以采用信关站处理系统的相关管理功能。卫星控制中心负责监视卫星的性能，控制通信卫星的轨道位置、姿态等，具体包括测距、分析轨道、模拟动态卫星、生成指令、支持在轨测试等功能。

用户段主要由各种形式的用户终端组成，一般分为两类：移动终端和便携终端。移动终端是指支持在移动中工作的终端，包括各种手持设备、置于各种移动平台上的终端以及置于各种交通工具（如飞机、航天器）中的终端。便携终端是指尺寸与公文包或笔记本电脑相当的可搬移的设备，这些设备可以从一个地方搬移到另外一个地方，但不支持在搬移过程中进行通信。

8.2　典型静止轨道卫星移动通信系统

1995 年以来，国际上先后建设了十余个卫星移动通信系统，除工程试验卫星 – 8（ETS – Ⅷ）和瑟拉亚 – 1（Thuraya – 1）外，均实现了运营服务，平均每 8~10 年进行一次技术更新换代。以北美卫星移动通信系统和国际移动卫星 – 3 为代表的采用星上模拟载荷的早期卫星移动通信，对移动通信支持能力较弱，用户终端多为便携式终端；以瑟拉亚和国际卫星移动通信系统（Inmarsat – 4）为代表的卫星移动通信，采用星上数字化载荷，具备处理交换能力，能够较好地支持手持终端和宽带移动接入；以Terrestar – 1 和 Skyterra – 1 为代表的采用地基波束形成技术的卫星移动通信，星上透明转发，能够广泛地支持多种移动数据业务。Inmarsat – 4 和 Terrestar – 1 移动通信卫星示意图如图 8 - 2 所示。

图 8 - 2　**Inmarsat - 4 和 Terrestar - 1 移动通信卫星示意图**

8.2.1　ACeS 系统

亚洲蜂窝卫星系统（Asian Cellular Satellite，ACeS）是印度尼西亚等国建立起来的覆盖东亚、东南亚和南亚的区域卫星移动通信系统，能够向亚洲地区的用户提供双模（卫星 - GSM）的话音、传真、低速数据、因特网服务以及全球漫游等业务。该系统由印尼、泰国和菲律宾的三家公司的国际财团开发，投资 10 亿美元。该系统的覆盖面积超过了 1 100 万平方英里[①]，覆盖区国家的总人口约为 30 亿，其中大多数尚未建立通信联系。第一颗卫星 Garuda - 1 由俄罗斯的质子火箭于 2000 年 2 月 12 日发射升空，定点在东经 123°的 GEO 轨道上，位于加里曼丹（即婆罗洲）上空。

ACeS 系统包括静止轨道通信卫星、卫星控制站（Satellite Control Facility，SCF）、网络控制中心（Network Control Center，NCC）、信关站和用户终端等部分，如图 8 - 3 所示。

图 8 - 3　**ACeS 系统示意图**

---

① 　1 英里 = 1 609 m。

ACeS 系统包括两颗 Garuda 卫星，卫星装有两副 12 m 口径的 L 频段天线，每副天线包括 88 个馈源的平面馈源阵，用 2 个复杂的波束形成网络控制各个馈源辐射信号的幅度和相位，形成 140 个通信点波束和 8 个可控点波束。还有一副 3 m 口径的 C 频段天线用于信关站和网络控制中心之间的通信。

卫星控制站位于印度尼西亚的 Batam 岛，用于管理、控制和监视卫星的各种硬件、软件和其他设施。

网络控制中心管理卫星有效载荷资源，管理和控制 ACeS 整个网络的运行。

信关站提供 ACeS 系统和地面网络之间的接口，使得用户能够呼叫世界上其他地方的其他网络的用户。

用户终端包括手持终端和固定终端。典型的手持终端是 ACeSRC190，支持用户在运动中通信，可在 ACeS 卫星模式和 GSM900 模式之间自由切换。固定终端有 ACeS FR - 190，可以在偏远地区提供方便的连接。

ACeS 系统是一个覆盖中国、菲律宾、泰国和印尼等亚太地区的区域性卫星移动通信系统，能提供的业务包括：

①高质量的数字编码语音、传真、数据和 DTMF（Dual Tone Multi Frequency）信令业务。

②标准的 GSM 业务。

③专用的高渗透报警业务。

④漫游服务。ACeS 用户和地面蜂窝用户可以分别到对方的服务区漫游，而且使用同一个电话号码。

⑤可以提供短消息、语音邮件、存储转发传真、高功率寻呼等业务。

8.2.2　瑟拉亚系统

瑟拉亚（Thuraya）系统是一个由总部设在阿联酋阿布扎比的 Thuraya 卫星通信公司建立的区域性静止轨道卫星移动通信系统，瑟拉亚系统的卫星网络包括欧洲、北非、中非、南非大部、中东、中亚和南亚等 110 个国家和地区，涵盖约全球 1/3 的区域，可以为 23 亿人口提供卫星移动通信服务。

系统拥有 3 颗卫星，设计寿命 15 年，采用了当今测试时间最长，而且非常可靠的技术。2000 年 10 月，Thuraya - 1 卫星从太平洋中部的赤道海域发射升空，定点于东经 28.5°，这是中东地区第一颗移动通信卫星。2003 年 6 月，Thuraya - 2 卫星从海面发射升空，定点于东经 44°。Thuraya 卫星系统设计容量为 13 750 个卫星信道，最大支持 175 万用户，地面关口站位于阿联酋，服务整个卫星信号覆盖区域。2007 年发射了 Thuraya - 3 号卫星，定点于东经 98.5°，主要为亚太地区的行业用户和个人用户提供手持通信和卫星 IP 业务。

Thuraya 卫星上装有口径 12.25 m 的天线，可以产生 250 ~ 300 个波束，提供与 GSM 兼容的移动电话业务。卫星具有星上数字信号处理功能，能够实现手持终端之间或者终端与地面通信网之间呼叫的路由功能，便于公共馈电链路覆盖和点波束之间的互联，以高效利用馈电链路带宽。卫星通过数字波束成形技术能够重新配置波束覆盖，扩大波束或者形成新的波束，可以实现热点地区的最优化覆盖。

Thuraya 系统通过一个同时融合了 GSM、GPS 和大覆盖范围的卫星网络，向用户提供通信服务，在覆盖范围内的移动用户之间可以实现单跳通信。卫星与用户间工作在 L 频段，上行链路的工作频率为 1 626.5 ~ 1 660.5 MHz，下行链路的工作频率为 1 525 ~ 1 559 MHz。卫星与信关站间工作在 C 频段，上行链路的工作频率为 6.425 ~ 6.725 GHz，下行链路的工作频率为 3.4 ~ 3.625 GHz。

Thuraya 系统的双模（GSM 和卫星）手持终端，融合了陆地和卫星移动通信两种服务，用户可以在两种网络之间漫游而不会使通信中断。系统可以提供的业务包括：

①语音：卫星语音通话功能、语音留言信箱服务等。

②传真：ITU – T G3 标准传真。

③数据：作为调制解调器，连接 PC 进行数据传送，速率为 2.4/4.8/9.6 kb/s。

④短信：增值的 GSM 短信息服务。

⑤定位：内置 GPS，提供卫星定位导航、距离和方向服务，定位精度为 100 m。

8.2.3　天通一号系统

我国建设了以天通一号 01 星、02 星、03 星为代表的静止轨道卫星移动通信系统，为解决个人移动通信、小型终端高速数据传输等问题提供了有效手段，大大提高了我国卫星移动通信能力。

2016 年 8 月 6 日，天通一号 01 星成功发射，标志着我国进入卫星移动通信的手机时代，填补了国内空白。天通一号 01 星基于东方红四号平台研制，工作于地球静止轨道，用户链路工作于 S 频段，卫星拥有多个国土点波束，通过百余个 S 频段收发共用点波束覆盖我国领土、领海及周边地区。卫星采用星上透明转发，通过信关站实现两跳通信，同时支持 5 000 路语音信道，可为 30 万用户提供话音、短消息、传真和数据等服务，通信速率 9.6 ~ 384 kb/s。

2020 年 11 月 12 日，中国在西昌卫星发射中心用长征三号乙运载火箭成功将天通一号 02 星送入预定轨道。2021 年 1 月 20 日，中国成功将天通一号 03 星发射升空，卫星顺利进入预定轨道。

天通一号卫星移动通信系统是中国自主研制建设的卫星移动通信系统，如图 8 – 4 所示。系统为中国及周边、中东、非洲等相关地区，以及太平洋、印度洋大部分海域用户，提供全天候、全天时、稳定可靠的语音、短消息和数据等移动通信服务。天通一号卫星移动系统支持的用户终端包括手持机、车辆、飞机、船舶等各类移动用户，涉及个人通信、海洋运输、远洋渔业、航空救援、旅游科考等各个领域。

卫星系统运营由中国电信负责，通过信关站与地面通信网融合，利用动态资源管理与分配技术，实现资源的高效管理。经过一系列的测试和试运营，中国电信于 2018 年 5 月正式面向商用市场开通"1740"卫星电话号段，填补了国内自主卫星移动通信系统空白。2018 年 7 月，应急管理部、工业和信息化部联合印发《关于加强灾害事故应急通信保障工作的意见》，明确支持各级应急管理部门及应急救援队伍配备和使用天通一号卫星电话，为灾害事故处置提供有效的通信支持。

图 8 - 4　天通一号卫星移动通信系统示意图

8.3　典型低轨卫星移动通信系统

低轨卫星移动通信系统是 20 世纪 80 年代后期提出的一种新构思，基本思路是利用位于 500 ~ 1 500 km 高度范围的多颗卫星构成卫星星座，从而组成全球（或区域）卫星移动通信系统。卫星可以采用倾斜轨道或极轨道或两者并用，一般为圆轨道。低轨道卫星移动通信系统主要包括空间段、地面段和用户段，如图 8 - 5 所示。

空间段即卫星星座，由多颗低轨卫星组成，采用星间链路实现互联互通，具备全球组网与数据交换路由的能力。

地面段是系统的控制中心、数据交换中心、运营中心，由信关站、测控站、移动通信网络、运控系统、综合网管系统和业务支撑系统组成。信关站和测控站根据覆盖要求进行选址，在全球分布式部署，其余网络设备采用集中式部署方式，同时满足电信运营可靠性需求。

用户段由各类用户终端组成，包括手持终端、车载站、舰载站、机载终端等。

目前，典型系统有铱星系统（Iridium）、全球星系统（Globalstar）和轨道通信系统（Orbcomm）等。

8.3.1　铱星系统

20 世纪 80 年代末由 Motorola 提出铱星（Iridium）系统，可实现全球数字化个人通信的低轨道全球个人卫星移动通信系统。铱星系统原计划采用 77 颗卫星，在 7 个极地

空间段

低轨星座卫星　　　　　　　星间链路

用户段

手持终端　车载站　船载站　机载站　便携站

地面段

| 网络操作控制分系统 | 应用管理分系统 | 网络安全分系统 |

TT&C　信关站

运行支持系统

其他系统

电话网/数据网/移动网/IP骨干网……

图 8 - 5 LEO 系统架构示意图

圆轨道上围绕地球运行，其形状类似于铱原子的 77 个电子绕原子核运动，因此系统取名为铱星系统。后来系统进行了改进，改为 66 颗卫星在 6 个极地圆轨道上运行。铱星系统的星座采用近极轨道，轨道倾角为 86.4°，轨道平面间隔 27°，轨道高度约为780 km，每个轨道平面上均匀分布 11 颗卫星及 1 颗备用星。

铱星系统采用了星上处理、星上交换和星间链路技术，因而系统的性能非常先进，但是也增加了系统的复杂度，提高了系统的投资费用。系统中，卫星与卫星之间通过星间链路实现互联互通，卫星与同一轨道平面内相邻的前后两颗卫星建立星间链路，与左右相邻轨道上的卫星建立轨道间链路。

星间链路工作在 Ka 频段，频率范围约为 23.18 ~ 23.38 GHz；卫星与地球站之间的链路也采用 Ka 频段，上行链路的频率范围约为 29.1 ~ 29.3 GHz，下行链路的频率范围约为 19.4 ~ 19.6 GHz；卫星与用户终端的链路采用 L 频段，频率范围约为 1 616 ~ 1 626.5 MHz，如图 8 - 6 所示。

铱星系统每颗卫星可提供 48 个点波束，采用蜂窝结构划分，单颗卫星投射的多波束在地球表面上共形成 48 个蜂窝小区。在最小仰角 8.2° 的情况下，每个小区直径约为600 km，每颗卫星的覆盖区直径约为 4 700 km，星座对全球地面形成无缝蜂窝覆盖，每颗卫星的一个点波束支持 80 个信道，单颗卫星可提供 3 840 个信道。系统采用七小区频率再用方式，可提高频谱资源利用率，任意两个小区之间间隔两个缓冲小区后，可以使用相同频率，使得每条信道在全球范围内都可复用 200 次。

铱星系统于 1998 年 11 月开始商业运行，中国在 1999 年开始运行铱星业务。铱星系统主要为商务旅行者、航空用户、海事用户、边远地区以及紧急救援等提供语音、

图 8 - 6　铱星网络示意图

图8 - 7　铱星手持终端

传真、数据、定位、寻呼等业务服务。铱星系统的手持终端如图 8 - 7 所示。

2000 年 3 月，铱公司宣告破产，停止一切业务，此时系统用户仅有 6 万左右。2000 年年底，美国国防部支持的新铱星公司出资收购铱星系统，重新开始运营。铱星系统是目前唯一使用了系统内星间链路（ISL）的卫星移动通信系统，具有星间路由寻址功能。每颗卫星有 4 条星间链路，星间链路速率高达 25 Mb/s。由于采用了星间链路，铱星系统内用户之间的通信可完全通过铱星系统而不与地面公网有任何联系，从而实现了铱星系统的 5W 功能，即任何人（Whoever）可以在任何地方（Wherever）于任何时候（Whenever）和任何他人（Whomever）采用任何方式（Whatever）通信。铱星系统用户与地面网用户之间通信，则要经过系统内的关口站。铱星系统开创了全球个人通信的新时代，被认为是现代通信的一个里程碑，其最大特点是通信终端手持化和个人通信全球化。

8.3.2　全球星系统

全球星（Globalstar）系统是由美国 Loral 公司和 Qualcomm 公司于 1991 年提出的一种 LEO 卫星移动通信系统。全球星系统作为地面蜂窝移动通信系统和其他移动通信系统的补充，主要思想是将地面基站放到卫星上。

全球星系统利用 48 颗绕地球运行的低轨道卫星，在全球（除南北两极）范围内向用户提供无缝覆盖的语音、传真、数据、短信息、定位等卫星移动通信业务。卫星采用倾斜轨道星座，均匀分布在 8 个倾角为 52°的轨道平面上，每个轨道平面有 6 颗卫星和 1 颗备用卫星，轨道高度约为 1 414 km，轨道周期约为 113 min，相邻轨道面相邻卫星间的相位差为 7.5°，传输时延和处理时延小于 300 ms。

全球星系统能够对南北纬 70°之间实现多重覆盖，在每一地区至少有两星覆盖，有些地区甚至能达到四星覆盖，从而防止由于卫星故障导致通信中断。每颗卫星质量约有 426 kg，功率约 1 000 W，有 16 个波束，每颗卫星与用户能保持 10 ~ 12 min 通信，然后经软切换至另一颗星，用户没有明显感觉。用户终端设备包括手持式、车载式和固定式。它采用全向天线，可提供高质量的数字语音、低速率数据、短信息以及其他增值业务。全球星系统的用户可以选择单模式和双模式的移动终端。单模式终端只能在全球星系统中使用，双模式终端既可工作在地面蜂窝移动通信模式，也可以工作在卫星通信模式（在地面蜂窝网覆盖不到的地方）。语音传输速率有 2.4 kb/s、4.8 kb/s、9.6 kb/s 三种，数据传输速率为 7.2 kb/s。

全球星系统没有星间链路和星上处理，技术难度相对铱星系统小一些，成本相对较低，系统用户通过卫星链路接入地面公用网，在地面网的支持下实现全球卫星移动通信。全球星系统中，卫星与关口站之间的链路工作在 C 频段，上行链路的工作频率为 5.091 ~ 5.25 GHz，下行链路的工作频率为 6.875 ~ 7.055 GHz。卫星与用户之间上行链路工作在 L 频段，频率为 1 610 ~ 1 626.5 MHz；下行链路工作在 S 频段，频率为 2.483 3 ~ 2.5 GHz。

全球星系统于 1996 年 11 月获得了美国联邦通信委员会颁发的运营证书，1999 年 11 月完成了由 48 颗卫星组成的卫星星座，2000 年 1 月在美国正式开始提供卫星电话业务。2000 年 5 月，全球星系统开始在中国地区提供服务，为石油、天然气、水利、科考、运输、海上作业、公安边防等行业和部门提供移动通信保障。

8.3.3　新型 LEO 星座

随着 LEO 卫星制造和发射等技术突破，迎来了新兴 LEO 通信系统研究热潮，典型的有 OneWeb、LeoSat 和 Starlink 等 LEO 卫星通信系统。

OneWeb 星座由 OneWeb 公司提出，第一阶段在高度约 1 200 km、倾角约 87.9°的 18 个轨道平面上部署超过 600 颗卫星，卫星采用透明转发器。OneWeb 采用 Ku + Ka 频段，卫星与用户间链路工作于 Ku 频段，卫星与地面站之间工作于 Ka 频段。在卫星高速运动过程中，不同卫星交替出现在上空，保障某区域的信号覆盖。预计 2027 年建立健全的、覆盖全球的低轨卫星通信系统，为每个移动终端提供的速率约为 50 Mb/s。

LeoSat 星座由 LeoSat 提出，计划部署 108 颗低轨卫星组成星座。卫星运行在高度约为 1 400 km 的轨道上，采用 6 个轨道面，每个轨道面上部署 18 颗卫星，每颗卫星可以与相邻卫星保持 4 条星间链路。LeoSat 用户波束和信关站波束采用 Ka 频段，为用户波束提供 1.6 Gb/s 的速率；两个较大的信关站提供 5.2 Gb/s 的速率。星间链路采用激光通信，每颗星的 4 条链路最大速率为 10 Gb/s，从而提供全球高速数据传输服务。

Starlink "星链"星座由太空服务公司 SpaceX 提出，在地球上空部署上万颗卫星组成的巨型卫星星座。Starlink 星座将结合 Ku/Ka 双频段芯片组和其他支持技术，用户链路采用 Ku 频段，馈线链路采用 Ka 频段，有利于更好地实现覆盖；另外，采用 V 频段的甚低轨星座，能够实现传输信号增强，从而为针对性用户提供信息服务。2018 年 2 月 22 日，美国加州范登堡空军基地成功发射一枚 "猎鹰 9 号"火箭，并将两颗小型试验通信卫星送入轨道，"星链"计划由此启动。预计 2025 年完成星座部署，为用户提供最小数据速率为 1 Gb/s 和最大速率为 23 Gb/s 的超高速通信，能提供类似于光纤的网络速度，并且覆盖面积大大提升。

在低轨移动通信卫星星座系统建设方面，我国"十一五""十二五"期间进行了灵巧通信试验卫星等技术试验。2018 年 12 月，我国分别发射了"虹云"工程和"鸿雁"星座的首发星，标志着我国低轨宽带卫星通信系统建设实现零的突破。

"鸿雁"星座由中国航天科技集团提出，为国内首套全球低轨卫星通信系统，由 300 多颗低轨道卫星组成。2018 年 12 月，星座首颗试验卫星"重庆号"发射成功，如图 8 - 8 所示。"鸿雁"星座建成后，将实现移动通信、宽带接入、物联网、热点信息广播、导航增强、航空监视等六大业务，可以在全球范围内实现宽带和窄带相结合的移动通信，为用户提供实时双向通信。

一期计划建成由 60 颗工作频段为 L/Ka 频段的核心骨干卫星组成的系统，具备星间链路，实现卫星组网。该系统可

图 8 - 8　"鸿雁"首发星

实现复杂地形地区的全天候、全时段实时双向通信，可为用户提供全球实时数据通信和综合信息服务。

二期计划预计 2025 年完成建设，建成海、陆、空、天一体化的卫星移动通信与空间互联网接入系统，实现全球任意地点的互联网接入。

"虹云"星座由中国航天科工集团提出，由 156 颗低轨卫星组成，在轨道高度 1 000 km 上组网运行，面向全球移动互联网和网络高速接入需求，采用 Ka 频段通信，每颗卫星最大支持速率为 4 Gb/s。该系统利用动态波束实现灵活的业务模式，采用毫米波相控阵技术，具备通信、导航和遥感一体化功能，预计接入速率可达到 500 Mb/s。

虹云工程计划分成三步：第一步，发射第一颗试验卫星，实现单星关键技术验证；第二步，发射 4 颗业务试验卫星，进行小规模组网，用户端对卫星互联网业务初步进行体验；第三步，完成星座的构建，实现全部卫星组网运行。

"虹云"星座完成部署后，以天基网为基础，融合导航、遥感，从而实现通信、导航、遥感一体化，构建一个宽带低轨卫星通信系统，为环境监测、移动通信等领域提供信息传输服务。首发星如图 8 - 9 所示。

图 8 - 9　"虹云"首发星

8.4　典型中轨卫星移动通信系统

中轨道卫星（MEO）离地球高度为 10 000 km 左右。轨道高度的降低可减弱静止轨道卫星通信的缺点，可为用户提供体积、重量、功率较小的移动终端设备。用较少数目的中轨道卫星即可构成全球覆盖的卫星移动通信系统。中轨卫星移动通信卫星一般采用网状星座，卫星运行轨道为倾斜轨道，典型的有奥德赛（Odyssey）系统和 ICO（Intermediate Circular Orbit）系统。

8.4.1　Odyssey 系统

Odyssey 系统是由 TRW 空间技术集团公司推出的中轨道卫星通信系统，可作为陆地蜂窝移动通信系统的补充和扩展，支持动态、可靠、自动、用户透明的服务。系统初期计划发射 6 颗卫星提供基本服务，待 12 颗卫星发射完毕后，可实现全球双重覆盖，通过终端的分集接收能够进一步提高通信质量。

系统的空间段由 12 颗卫星组成，分布在高度为 10 354 km，倾角为 55° 的 3 个轨道平面上，卫星设计寿命为 12~15 年。倾斜轨道的优势是卫星在多数时间里在多纬度地区均能提供高仰角，系统平均仰角为 55°，最小仰角为 26°。卫星间没有星间链路，卫星采用透明转发器，不具备星上处理能力，每颗卫星有 37 个点波束，形成一个预覆盖的成形波束。Odyssey 系统采用中轨道，仰角较高，双重覆盖可进行分集接收，因此可靠性和可用性都较高。系统采用 CDMA 技术，抗干扰性能和保密性较好。

系统的地面段包括卫星管理中心、地球站、信关站和地面网络等。系统主要的用户终端是手持机，采用双模式工作，可以同时在地面蜂窝移动通系统和 Odyssey 系统中使用，可以自动切换。手持机的发射功率约 0.5 W，采用 4 800 b/s 语音编码。

Odyssey 系统工作在 L、S、Ka 频段。卫星和地面站工作在 Ka 频段，上行链路的工作频率为 29.5~29.84 GHz，下行链路的工作频率为 19.7~20.0 GHz；卫星和用户终端的下行链路工作在 L 频段，工作频率为 1 610~1 626.5 MHz，上行链路工作在 S 频段，工作频率为 2.483~2.5 GHz。

8.4.2　ICO 系统

ICO 系统是国际移动卫星通信组织制定的"Project - 21"计划。ICO 系统的目的是利用卫星向全球用户提供手机卫星移动通信，实现与地面公网相连通的数字语音、寻呼、传真、数据以及定位等多种业务。2001 年，ICO 成功发射第一颗卫星，2003 年，公司收到 FCC 批准在美国地区使用 2 GHz 的许可证，但是至今未真正组网运营。

ICO 系统利用中轨道卫星星座，通过手持终端向移动用户提供全球个人移动通信业务。ICO 系统空间段由 12 颗卫星均匀分布在高度为 10 390 km 的两个正交中圆轨道平面上，每个轨道平面上有 5 颗卫星和 1 颗备用星，卫星间没有星间链路。卫星轨道为倾斜圆轨道，倾角分别为 45° 和 135°。地球站最小仰角为 10° 时，ICO 系统能够覆盖全球，通常情况下，用户至少有两颗卫星覆盖，甚至可以达到四颗。ICO 系统中卫星拥有两副口径为 2 m 的天线，采用数字波束形成技术，每颗卫星有 163 个点波束，至少能支持 4 500 个语音信号，采用 TDMA 多址技术。

用户终端包括手持机、车载站、航空站、海事站等终端，以及半固定站和固定站等。手持机为双模式，可以自动选择或者用户选择卫星或地面操作模式，手机的平均发射功率不超过 0.25 W，要低于地面蜂窝移动通信系统的平均发射功率。

1999 年 8 月，ICO 公司融资失败，申请破产保护。1999 年 11 月，美国 Teledesic 公司和印度 Subhash Chandra 公司向 ICO 公司注资 12 亿美元。ICO 公司于 2000 年 5 月宣布走出破产保护，更名为 New ICO，与 Teledesic 公司合并为 ICO – Teledesic 控股公司。ICO – Teledesic 公司于 2001 年和 Ellipso 公司达成合作协议，在卫星传输语音、数据业务领域进行合作。

8.5　卫星移动通信系统与 STK 仿真

8.5.1　典型移动通信卫星仿真

典型移动通信卫星，如铱星、天通一号等可以通过卫星数据库直接插入，具体方法参照 4.4.2 节。如要仿真铱星，在"Name or ID"编辑框中输入"Iridium"，单击左下方的"Search"按钮，右侧的"Results"以列表的形式显示搜索到的铱星，如图 8 – 10 所示。该版本的数据库中包含 400 多颗铱星，选择要插入的卫星，在列表下方的

图 8 – 10　典型移动通信卫星仿真

"Insert Options"下勾选"Auto Select Color"，生成的铱星会根据卫星轨道的不同而自动设置不同的颜色进行显示。

卫星移动通信系统尤其是低轨卫星移动通信系统，一般由多颗卫星组成星座，从而实现全球或区域覆盖。STK 仿真可以实现将移动通信卫星组成星座，在图 8 - 10 中，勾选右下方的"Create Constellation from Selected"，会把选择的卫星组成星座，在下方输入星座名称，如"Iridium"，则插入卫星后会自动生成"Iridium"星座。左侧"Object Browser"会显示插入的卫星以及生成的星座。

选择"Iridium"星座，单击右键，选择"Properties"，会弹出属性窗口，如图 8 - 11 所示。在窗口中会显示"Available Objects"和"Assigned Objects"。选择"Available Objects"中的某颗卫星后，单击中间的"→"按钮可以将这颗卫星添加到星座中。选择"Assigned Objects"中的某颗卫星后，单击中间的"←"按钮可以将星座中的这颗卫星删除，如图 8 - 11 所示。

图 8 - 11　铱星星座的设置

8.5.2　卫星移动通信系统仿真

卫星移动通信系统可以通过数据库插入，还可以分别插入系统中的卫星。中、低轨道卫星移动通信系统一般由多颗轨道高度、倾角相同的卫星组成卫星星座，如铱星、全球星等。星座中每个轨道面有相同的倾角和相同数量的卫星，同一条轨道上的卫星具有相同的升交点赤经，但是卫星在轨道上的位置不同。同一条轨道上卫星的位置通过真近点角进行设置。

假设某中圆轨道卫星移动通信系统由 9 颗轨道高度约为 10 355 km，轨道倾角为 45°的卫星组成。假设卫星分布在 3 条轨道上，每条轨道上有 3 颗卫星，第一条轨道上的第一颗卫星的升交点赤经和真近点角均为 0°，新建仿真场景后，通过轨道生成向导插入第一颗通信卫星 S11（第一个数字表示轨道号，第二个数字表示轨道上卫星的编号），卫星轨道类型"Type"选择"Circular"。卫星 S11 是第一条轨道上的第 1 颗卫星，设置轨道参数：轨道倾角为 45°、轨道高度为 10 355 km、RAAN 为 0°，如图 8 - 12 所示。

图 8 - 12 卫星 S11 的轨道参数

第一条轨道上共有 3 颗卫星，这 3 颗卫星的轨道大小与形状、轨道空间位置等 5 个轨道参数相同，只有卫星在轨道上的初始位置不同。因此，选中卫星 S11 后，按 Ctrl + C 组合键复制卫星，再按 Ctrl + V 组合键粘贴后即可生成一颗相同的卫星。修改卫星的真近点角（Ture Anomaly）后，即可改变卫星的初始位置。该轨道上共有 3 颗卫星，卫星均匀分布在轨道上，因此相邻卫星之间的相位差为 360°/S = 120°（S 为每条轨道上的卫星数）。将复制后的通信卫星重命名为 S12，即第一条轨道上的第 2 颗卫星。修改卫星 S12 的真近点角参数"True Anomaly"为 120°，其他参数保持不变，如图 8 - 13 所示。第一条轨道上的第 3 颗卫星 S13 的真近点角为 120° ×2，由此得到第一条轨道上的 3 颗卫星，如图 8 - 14 所示。卫星采用圆轨道，因此远地点高度和近地点高度相等，均为轨道高度 10 355 km。

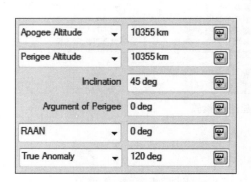

图 8 - 13 卫星 S12 的轨道参数

图 8 - 14 第一条轨道上的三颗卫星示意图

相邻轨道面的升交点经度差为 360°/P，其中 P 为星座中的轨道数。该例子中共有 3 条轨道平面，相邻轨道面的升交点经度差为 360°/3 = 120°。因此，对于第二条轨道上的卫星而言，轨道高度、偏心率、倾角等参数不变，升交点赤经（RAAN）为 120°。假设第二条轨道上的第一颗卫星 S21 与第一条轨道上的第一颗卫星 S11 的相位差为 40°，则第二条轨道上的第一颗卫星 S21 的轨道参数如图 8 - 15 所示。同一轨道面内相邻卫星间的相位差为 120°，第二条轨道上的其他卫星前 5 个参数与卫星 S21 的相同，

真近点角分别为 $40° + 120 × (i - 1)$，其中，i 为该轨道上的第几颗卫星。由此得到第二条轨道上其他卫星的参数。复制卫星 S21 后，重命名为 S22 和 S23，修改这两颗卫星的参数。

图 8-15　卫星 S21 的轨道参数

通过上面的方法分别仿真第三条轨道上的 3 颗卫星 S31、S32、S33 的参数，从而实现对该中圆卫星移动通信系统的仿真。上面的例子中，卫星移动通信系统的仿真是通过修改每颗卫星的参数来实现的，有的卫星移动通信系统中卫星数目较多，达到几十颗甚至上百颗，仿真每一颗卫星非常烦琐，工作量很大。

8.5.3　卫星移动通信系统快速仿真

对于卫星数目较多的卫星星座，STK 提供了一种快速仿真方法，可以实现对卫星移动通信系统的快速仿真。

以仿真由 9 颗轨道高度为 10 355 km，轨道倾角为 43° 的卫星组成的星座为例来介绍卫星移动通信系统的快速仿真方法。

新建 STK 场景后，利用轨道生成向导 "Orbit Wizard" 新建一颗高度为 10 355 km，倾角为 43° 的卫星 S，利用这颗卫星可以快速仿真一个倾斜轨道星座，实现对该卫星移动通信系统的仿真。

选择卫星 S，单击右键，选择 "Satellite" 后，在右侧列表中选择 "Walker…"，如图 8-16 所示。Walker Delta 是一种常用的倾斜轨道星座设计方法，利用 STK 可以快速生成 Walker 星座。选择 "Walker…" 后，会弹出如图 8-17 所示的窗口。

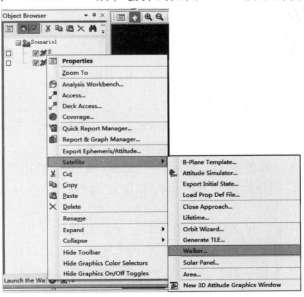

图 8-16　利用卫星 S 生成倾斜轨道星座

图 8－17 "Walker Tool" 窗口

在 "Walker Tool" 窗口中可以修改作为 "种子" 卫星的具体卫星，可以单击右侧的 "Select Object…"，会弹出如图 8－18 所示的窗口。在 "Select Object" 窗口中，会显示能够作为 "种子" 卫星的卫星，可以根据需要选择相应的卫星，这里选择 S 作为 "种子" 卫星。

在 "Walker Tool" 窗口中可以选择两种方式：一是卫星总数 "Total Number of Sats"，另一种是每轨道上的卫星数目 "Number of Sats per Plane"。

选择 "Number of Sats per Plane" 后，在对应的框中输入星座中每条轨道上的卫星数目 S；在 "Number of Planes" 后对应的框中输入轨道数 P；在 "Inter Plane Spacing" 后对应的框中输

图 8－18 "Select Object" 窗口

入轨道间的相位因子 F，如图 8－17 所示。相位因子 F 决定了相邻轨道相邻卫星间的相位差。Walker 星座中，相邻轨道相邻卫星的相位差为 $360°/N \times F$，式中，N 为星座中的卫星数目。

该星座共有 3 条轨道，每条轨道上有 3 颗卫星，相位因子为 1。相位因子 $F=1$，则相邻轨道相邻卫星的相位差为 $40°$。单击 "Create Walker" 选项后，产生一个由 9 颗卫星组成的倾斜轨道卫星星座，在三维场景和二维场景中，不同的轨道通过不同的颜色显示，如图 8－19 所示。

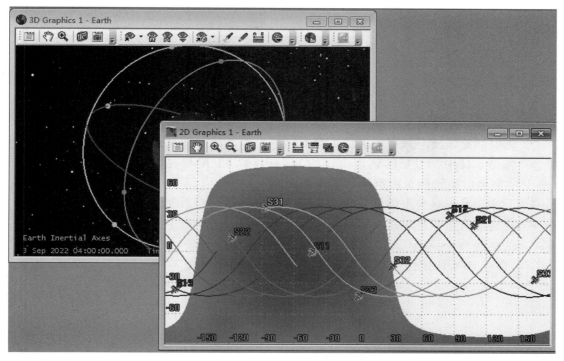

图 8 – 19　倾斜轨道卫星星座示例

　　左侧窗口显示星座中的所有卫星，以及刚插入的"种子"卫星 S 和之前插入的另一颗卫星 S2，如图 8 – 20 所示。该卫星移动通信系统中共有 9 颗卫星，有 3 条轨道，每条轨道上 3 颗卫星。卫星的编号与 8.5.2 节的编号方法相同，如卫星"S32"表示第 3 条轨道上的第二颗卫星。

图 8 – 20　场景中卫星列表

习　题

1. 什么是卫星移动通信？卫星移动通信相比地面移动通信有哪些特点？

2. 卫星移动通信系统的主要分类有哪些？

3. 简要阐述 GEO 和 LEO 两种典型卫星移动通信系统的区别。

4. 卫星移动通信系统的组成包括哪几部分？主要作用有哪些？

5. 典型静止轨道卫星移动通信系统有哪些？对其进行简要阐述。

6. 铱星系统中，卫星的轨道高度约为 780 km，卫星与地面站工作在 Ka 频段，试计算卫星与地面站间的自由空间传播损耗。

7. 全球星系统是典型的低轨卫星移动通信系统，请对系统进行简要阐述。

8. 新型低轨道卫星星座有哪些？查阅资料对这些低轨道卫星星座进行了解。

9. 试阐述 Odyssey 系统的基本情况及工作频率。

10. 利用 STK 快速仿真卫星星座时，需要设置哪些参数？

参 考 文 献

[1] 张洪太，王敏，崔万照．卫星通信技术［M］．北京：北京理工大学出版社，2018.

[2] 朱立东，吴延勇，等．卫星通信导论（第4版）［M］．北京：电子工业出版社，2015.

[3] 徐雷，等．卫星通信技术与系统［M］．哈尔滨：哈尔滨工业大学出版社，2019.

[4] 王海涛，等．卫星应用技术［M］．北京：北京理工大学出版社，2018.

[5] 王丽娜，王兵．卫星通信系统［M］．北京：国防工业出版社，2014.

[6] 闵士权，等．天地一体化信息网络［M］．北京：电子工业出版社，2020.

[7] 续欣，等．卫星通信网络［M］．北京：电子工业出版社，2018.

[8] 李晖，王萍，陈敏，等．卫星通信与卫星网络［M］．西安：西安电子科技大学出版社，2018.

[9] 朱立东，等．卫星通信系统及应用［M］．北京：科学出版社，2020.

[10] 雒明世，冯建利．卫星通信［M］．北京：清华大学出版社，2020.

[11] 夏克文，等．卫星通信［M］．西安：西安电子科技大学出版社，2018.

[12] 吕海寰，蔡剑铭，甘仲民，等．卫星通信系统［M］．北京：人民邮电出版社，1999.

[13] 张雅声，等．掌握和精通卫星工具箱STK［M］．北京：国防工业出版社，2011.

[14] 丁溯泉，等．STK使用技巧及载人航天工程应用［M］．北京：国防工业出版社，2016.

[15] 刁华飞，等．掌握与精通STK（专业篇）［M］．北京：北京航空航天大学出版社，2021.

[16] 陈修继，万继响．每束多馈源天线的设计特点研究［J］．中国空间科学技术，2017，37（4）：49－55.

[17] 陈修继，万继响．通信卫星多波束天线的发展现状及建议［J］．空间电子技术，2016，13（2）：54－60.

[18] 向海生，杨宇宸，卢晓鹏，等．基于罗特曼透镜的宽带多波束天线系统［J］．雷达科学与技术，2017，15（1）：81－84，88.

[19] 桂盛，姚申茂．罗特曼透镜馈电的多波束阵列系统设计［J］．舰船电子对抗，2014，37（4）：102－104，107.

［20］ Rotman W, Turner R. Wide-angle microwave lens for line source applications ［J］. IEEE Transactions on Antennas & Propagation, 2003, 11 (6): 623 –632.

［21］ Musa L, Smith M S. Microstrip port design and sidewall absorption for printed rotman – lenses ［J］. IEEE Proceedings – H (Microwaves, Antennas and Propagation), 1989, 136 (1): 53 –58.

［22］ Kim J, Cho C S, Barnes F S. Dielectric Slab Rotman Lens for Microwave/Millimeter-Wave Applications ［J］. IEEE Transactions on Microwave Theory and Techniques, 2005, 53 (8): 2622 –2627.

［23］ 牛德鹏, 羊锦仁, 张光甫, 等. 基于光学变换的平面龙勃透镜天线 ［J］. 太赫兹科学与电子信息学报, 2016, 14 (3): 390 –395.

［24］ 林飞, 祝彬, 陈萱. 美国宽带全球卫星通信系统 ［J］. 中国航天, 2013 (12): 14 –17.

［25］ 崔川安, 刘露露. 美军的宽带全球卫星通信系统 ［J］. 数字通信世界, 2012 (9): 50 –52.

［26］ Kris Osborn. Air Force Charts Wideband Global Satellite Future ［DB/OL］. (2017 –01 –31) ［2020 –06 –02］. http: // defense syste-ms. com/articles/satellite. aspx.

［27］ 倪娟, 佟阳, 黄国策. 美军 MUOS 系统及关键技术分析 ［J］. 电讯技术, 2012, 52 (11): 1850 –1856.

［28］ 张春磊. 美军"移动用户目标系统"与"特高频后继"卫星性能对比分析 ［J］. 国际太空, 2015 (4): 46 –50.

［29］ 贺超, 张北江, 张有志. 卫星通信系列讲座之十——受保护的美国军事卫星通信系统 ［J］. 数字通信世界, 2008 (2): 86 –90.

［30］ 袁飞, 文志信, 王松松. 美军 EHF 卫星通信系统 ［J］. 国防科技, 2010, 31 (6): 27 –31.

［31］ 吉雯龙, 于小红. 国外中继卫星系统发展与应用分析 ［J］. 四川兵工学报, 2014 (10): 118 –120.

［32］ 王秉钧, 王少勇. 卫星通信系统 ［M］. 北京: 机械工业出版社, 2010.

［33］ 张杭, 等. 数字通信技术 ［M］. 北京: 人民邮电出版社, 2008.

［34］ 樊昌信, 曹丽娜. 通信原理（第七版）［M］. 北京: 国防工业出版社, 2019.

［35］ 甘良才, 杨桂文, 茹国宝. 卫星通信系统 ［M］. 武汉大学出版社, 2002.

［36］ 刘国果, 荣昆璧. 卫星通信 ［M］. 西安: 西安电子科技大学出版社, 2004.

［37］ 吴诗其, 李兴. 卫星通信导论 ［M］. 北京: 电子工业出版社, 2006.

［38］ 汪春霆, 等. 卫星通信系统 ［M］. 北京: 国防工业出版社, 2012.

［39］ 孙学康, 张政. 微波与卫星通信 ［M］. 北京: 人民邮电出版社, 2006.

［40］ 陈振国, 杨鸿文. 卫星通信系统与技术 ［M］. 北京: 邮电大学出版社, 2003.

［41］ 王俊峰, 等, 空间信息网络组网技术 ［M］. 北京: 科学出版社, 2014.

［42］ 寇明延, 赵然. 现代航空通信技术 ［M］. 北京: 国防工业出版社, 2011.

［43］ 孙学康, 张政. 微波与卫星通信 ［M］. 北京: 人民邮电出版社, 2003.

［44］ 张建飞. 航天测量船卫星通信地球站技术 ［M］. 北京: 人民邮电出版社, 2018.

［45］ 顾中舜，童咏章，等．卫星通信地球站实用规程［M］．北京：国防工业出版社，2016．

［46］ 宗鹏．卫星地球站设备与网络系统［M］．北京：国防工业出版社，2015．

［47］ 吴承洲，苏泳涛，刘剑锋，等．面向卫星移动通信的系统级仿真平台设计与实现［J］．通信技术，2020，53（4）：890－897．

［48］ 李殷乔，熊玮，孙治国．中国高轨移动通信卫星系统发展的机遇与挑战［J］．国际太空，2020（4）：36－41．

［49］ 杨廷卿，林善亮．卫星移动通信系统组成及应用的探讨［J］．通讯世界，2020，27（1）：120－121．

［50］ 翟华．融合5G的卫星移动通信系统［J］．空间电子技术，2020，17（5）：71－76．

［51］ 朱立东．国外军事卫星通信发展及新技术综述［J］．无线电通信技术，2016，42（5）：1－5．

［52］ Giordani M，Zorzi M. Satellite Communication at Millimeter Waves：a Key Enabler of the 6G Era［C］. 2020 International Conference on Computing，Networking and Communications（ICNC）. USA：IEEE Press，2020：2322－2325．

［53］ Lutz E W，Jahn A. Satellite Systems for Personal and Broad Communications［M］. Berlin：Springer，2000．

［54］ Sterling D E，Harlelid E. The Iridium system a revolutionary satellite communications system developed with innovative applications of technology［C］. Proceedings of IEEE Military Satellite Communications Conference. McLean，America：IEEE Press，1991：436－440．

［55］ ORBCOMM files for voluntary chapter 11 protection as part of business restructuring［EB/OL］.（2000－09－15）［2015－04－20］. http://www. prnewswire. com/news-releases/orbcomm-files-for-voluntary-chapter-11-protection-as-part-of-busin-ess-restructuring-73284737. html．

［56］ Smith D，Hendrickson R. Mission control for the 48－satellite Globalstar constellation［C］. Proceeding of MILCOM'95，1995（2）：663－670．

［57］ Andrew D S，Paul S. Utilizing the Globalstar Network for Satellite Communications in Low Earth Orbit［C］. 54th AIAA Aerospace Sciences Meeting，2016：1－8．

［58］ Selding P B. OneWeb's powerful partners in their own words［EB/OL］.（2015－06－26）［2015－08－12］. http://spacenews. com/onewebs-partners-in-their-own-words．

［59］ Selding P B. LeoSat awaits verdict on constellation's feasibility［EB/OL］.（2015－06－04）［2015－08－23］. http://spacenews. com/leosat-expects-awaits-verdict-on-cons-tell-ations-feasibility．

［60］ Selding P B. Intelsat asks FCC to block SpaceX experimental satellite［EB/OL］.（2015－07－22）［2015－08－23］. http://spacenews. com/intelsat-asks-fcc-to-block-spacex-exp-erimental-satellite-launch．

［61］ 陈静．虹云工程首星［J］．卫星应用，2019（3）：77．

［62］田野 . 基于鸿雁星座首发星的导航信息增强系统［C］. 中国卫星导航系统管理办公室学术交流中心，第十一届中国卫星导航年会论文集，2020：90 – 94.

［63］吕子平，梁鹏，陈正君 . 卫星移动通信发展现状及趋势［J］. 卫星应用，2016（1）：48 – 55.

［64］谭庆贵，李小军，胡渝，等 . 卫星相干光通信原理与技术［M］. 北京：北京理工大学出版社，2019.

［65］马晶，谭立英，于思源 . 卫星通信技术［M］. 北京：国防工业出版社，2015.

［66］于思源 . 卫星光通信瞄准捕获眼踪技术［M］. 北京：科学出版社，2016.

［67］高铎瑞，谢状，马榕，等 . 卫星激光通信发展现状与趋势分析［J］. 光子学报，2021（4）：9 – 29.

［68］鄢永耀 . 空间激光通信光学天线及粗跟踪技术研究［D］. 北京：中国科学院大学，2016.

［69］吴帅 . 软件定义卫星网络关键技术研究［D］. 长沙：国防科技大学，2020.